U0598166

# 社会网络、信贷约束
## 与家庭金融资产选择

Social Networks, Credit Constraints
and Household Financial Portfolio Choice

黄 倩/著

中国财经出版传媒集团

经济科学出版社
Economic Science Press

**图书在版编目（CIP）数据**

社会网络、信贷约束与家庭金融资产选择/黄倩著．
—北京：经济科学出版社，2017.12
ISBN 978 - 7 - 5141 - 8864 - 6

Ⅰ. ①社… Ⅱ. ①黄… Ⅲ. ①家庭 – 金融资产 –
配置 – 研究 – 中国 Ⅳ. ①TS976. 15

中国版本图书馆 CIP 数据核字（2017）第 320442 号

责任编辑：于海汛 李 林
责任校对：靳玉环
责任印制：潘泽新

社会网络、信贷约束与家庭金融资产选择
黄 倩 著
经济科学出版社出版、发行 新华书店经销
社址：北京市海淀区阜成路甲 28 号 邮编：100142
总编部电话：010 - 88191217 发行部电话：010 - 88191522
网址：www. esp. com. cn
电子邮件：esp@ esp. com. cn
天猫网店：经济科学出版社旗舰店
网址：http://jjkxcbs. tmall. com
北京财经印刷厂印装
710×1000 16 开 12. 25 印张 210000 字
2017 年 12 月第 1 版 2017 年 12 月第 1 次印刷
ISBN 978 - 7 - 5141 - 8864 - 6 定价：32. 00 元

# 前　言

　　家庭金融日益受到重视，在欧美发达国家，家庭金融已逐步成为与资产定价、公司金融等传统金融研究方向并立的一个新的独立研究方向（Campbell，2006）。以往的研究主要围绕资产定价和公司金融等传统领域，经济学家们对资产价格是如何在资本市场上决定的，平均资产收益率是如何反映风险，企业家是如何使用金融工具实现利润最大化，怎样解决委托代理等问题进行了深入的研究。但研究发现家庭金融与公司金融相比，有许多独有的特征：家庭必须在长期但有限的生命周期内进行规划，家庭拥有的人力资本是不可交易资产，房产是非流动性资产，家庭面临借贷约束和复杂的税收等。

　　家庭金融研究家庭如何在不确定性环境下使用各类金融工具实现其财富目标，这也是金融研究的核心问题之一。随着我国金融市场的不断发展以及家庭可支配收入的快速提高，家庭财产中金融资产的比重日益增加，并且其金融资产选择行为日益复杂化，不再是过去单一的储蓄性存款，家庭开始参与股票、基金、债券、金融衍生品、贵金属等金融风险资产的投资，然而与发达国家家庭金融资产选择相比，我国家庭金融资产配置呈现以储蓄为主，金融资产风险化程度低的异质性特征，表现为：当前我国居民在银行的储蓄存款已经超过42万亿元，储蓄存款在家庭金融资产中的占比超过50%，而中国家庭的股市参与率仅为8.84%，金融风险资产参与率仅为20.94%（甘犁等，2012）。

　　资本资产定价理论认为所有家庭都会将一定比例的财富投资于所有种类的风险资产，且投资比例仅取决于其风险态度，但现实中为什么许多家庭没有参与风险资产的投资？中国家庭风险资产的参与率和参与深度又为什么远远低于发达国家呢？本书基于社会网络和信贷约束可能对家庭资产选择产生的直接影响，并且社会网络还可能通过缓解信贷约束对家庭资产选择产生间接影响的前提下，从社会网络和信贷约束两个方面来回答这些问题。

本书首先要回答的问题是：社会网络是否能够促进家庭风险资产参与？在中国，家庭风险资产参与低的一个很重要的原因就是其对风险资产的认识有限，而社会网络可以通过其"信息桥"的作用提高家庭的信息获取能力，从而增加获利机会，降低投资决策的失误率（Grannovetter），中国是传统的"关系"型社会，其社会网络的这一作用可能将更加明显，基于此，家庭的社会网络可能对其资产选择起作用。

本书要回答的第二个问题是：社会网络对信贷约束是否有缓解作用？如果社会网络对家庭资产选择有影响，一部分原因可能是通过社会网络降低了家庭的信贷约束来实现的，其假设依据是：社会网络在金融交易中有类似抵押品的功能（Biggart and Castanias，2001），并且可以通过网络成员间的信息共享缓解信息不对称（Granavetter），而在中国这样的发展中国家，信贷配给之所以严重，很大程度上是由于信息不对称、交易成本过高和缺乏抵押品造成的，因此，本书将进一步验证社会网络是否对信贷约束有影响。

本书第三个需要回答的问题是：信贷约束对家庭资产选择有何影响以及影响程度的大小？家庭实际行为是家庭在面临约束下基于自身偏好的选择，家庭需要通过资产的跨期配置来平滑消费，以实现家庭长期效用的最大化。然而家庭能否实现资产的有效配置很大程度取决于家庭能否自有借贷，根据圭索等（Guiso et al.，1996）和库（Koo，1998），信贷约束是减少风险资产需求的一个重要因素。中国家庭金融调查的数据显示，22%的家庭受到金融机构直接的信贷约束，这类家庭股市参与率比其他家庭低4.70%，风险资金占比比其他家庭低2.15%。该结果反映受信贷约束家庭在资产配置上可能存在不同的特点，非常值得进行深度研究和探索，因此，本书将研究信贷约束对家庭资产选择的影响。在上述分析的基础上，本书将进一步分析社会网络通过减缓信贷约束对家庭资产选择产生的影响。

本书的主要内容如下：

第一章介绍了本书选题的背景和依据、研究的目的和意义，研究方法和技术路线以及主要的创新之处。

第二章对家庭资产选择、社会网络、信贷约束的相关文献进行梳理。关于家庭资产选择文献的梳理，首先介绍了消费－储蓄行为理论、传统资本资产定价理论，然后对现实中家庭资产选择差异产生的原因进行了综述。关于社会网络文献的梳理，分别就社会网络的界定、社会网络理论、社会网络的作用、社会网络的测量展开综述。关于信贷约束，分别对信贷约束与信贷配给的定义、信贷约束产生的原因及其缓解、信贷约束的测量方法进行了综述。

第三章描述家庭资产选择特征。首先，分别用消费者金融调查（Survey of Consumer Finance，SCF）数据和欧洲家庭金融与消费调查（The Eurosystem Household Finance and Consumption Survey，HFCS）数据分析了欧美等发达国家的家庭资产选择特征；然后，用中国家庭金融调查（China Household Finance Survey，CHFS）数据分析了我国家庭资产选择的特征；最后，总结了与欧美等发达国家相比，我国家庭资产组合的异质性。第四章至第六章是本书的核心部分，主要由三篇论文构成，分别就社会网络、信贷约束对家庭资产选择的影响以及社会网络对家庭信贷约束的影响进行了研究。

第四章研究社会网络与家庭股票市场参与之间的关系。本章选用礼金支出、礼金收入、礼金往来和通信费用等指标分别从多个角度对社会网络进行度量，运用 Probit 和 Tobit 模型考察社会网络对家庭股市参与率和参与深度的影响，为了克服社会网络的内生性对估计结果产生的影响，本章选取社区内除本家庭以外其他家庭礼金支出平均数作为工具变量进行两阶段估计，进一步，本章考察了金融发展中社会网络对股市参与的动态影响。

第五章研究社会网络与家庭信贷约束。本章运用需求可识别双变量 Probit 模型考察社会网络对家庭信贷需求、信贷约束的影响，用 Tobit 模型分别考察社会网络对家庭正规信贷额和民间借贷额的影响，为了克服社会网络的内生性对估计结果产生的影响，本章与第四章一样，选取社区内除本家庭以外其他家庭礼金支出平均数作为工具变量进行两阶段估计。并在此基础上进一步探讨了社会网络对信贷约束的影响机制。

第六章研究信贷约束与家庭资产选择。本章选用问卷调查中获得的直接信息从正规信贷的供求两方面来考察信贷约束，并用 Probit 模型估计出家庭受信贷约束的概率，以此来度量信贷约束。将风险资产分为 4 个层次，分别为股票资产、金融风险资产、金融风险资产 + 投资性房产和金融风险资产 + 投资性房产 + 商业资产等，运用 Probit 和 Tobit 模型考察社会网络对家庭风险资产参与和参与深度的影响，为了克服信贷约束的内生性，本章选取社区到市中心的距离作为工具变量，用极大似然估计方法进行两阶段估计。

第七章是结论及政策建议。对本研究的主要发现进行总结，并在此基础上提出相应的政策建议。

本研究主要得到以下基本结论：

（1）欧美等发达国家的家庭资产选择呈现出金融化、风险化和中介化特征，与欧美等发达国家相比，我国家庭金融资产选择呈现出以储蓄为主、风险化较低的异质性特征，具体表现为：虽然家庭资产选择呈现出金融化的趋势，但金融资产在总资产中的比例依然非常低，金融化程度低；家庭金融资产选择日趋风险化，但风险性金融资产在金融资产中的占比较低，风险化程度低；储蓄资产仍是家庭最主要的金融资产，家庭股市参与率较低，通过中介金融机构（如基金公司）间接持有股票的比例更低。

（2）社会网络对中国家庭参与股市具有显著的正向影响，社会网络越发达的家庭参与股票市场的概率越大，而且在股票市场投资越多，即股市参与的深度越高，并且，随着金融发展水平的提高，社会网络对股市参与的作用不但没有减弱，反而增加了家庭股市参与的概率和股票资产在金融资产中的比例。这表明，非市场化力量在中国家庭股市参与中起到了重要作用，金融发展会进一步强化社会网络对家庭股市参与及参与深度的影响。

（3）信贷约束对家庭风险资产参与率和参与深度均具有显著的负向影响。因此，信贷约束是制约家庭资产配置优化的重要因素。

（4）那些总资产规模越小、户主收入越低、风险较厌恶、户籍为农村、受教育程度较低、没有养老保险、户主为女性的家庭往往风险资产参与率和参与深度较低。

（5）社会网络能够促进家庭的信贷需求，并且缓解家庭受到的信贷约束，对于有借款的家庭来说，社会网络对家庭借款额具有显著地正向影响，而且这种影响对于正规借款额的影响比民间借款额的影响大，说明"关系"对家庭从正规金融机构获得贷款同样起到了非常重要的作用，而民间借款主要取决于关系的紧密程度，进一步，社会网络主要是通过促进家庭增加金融知识和减少无信心贷款者两种途径来缓解信贷约束的。

本研究的主要政策含义是：（1）政府应加强建设社会主义和谐社区，有效发挥家庭社会网络的保障功能，家庭应积极建立广泛的、高质量的社会网络，这有助于家庭增加信贷需求，缓解信贷约束，从而增加家庭福利水平。（2）应提高家庭可支配收入，同时降低家庭收支不确定性预期，加快完善社会保障体系。（3）政府应当积极改善金融环境，理顺信贷供求机制，从而缓解家庭信贷约束，促进家庭风险资产参与率并增加其投资额，这有助于家庭优化资产配置，并有利于促进储蓄转化为投资。相较于城市家庭，农村家庭更易受到信贷约束，政府应当积极改善农村金融环境，扩展农村金融服务，鼓励和促进农村信用社、村镇银行和小额信贷公司等新型金融机构的发展。（4）推动金融知识的普及，从而缓解家庭信贷约束，改善家庭资产选择。受教育程度低的家庭往往风险资产参与率和参与深度较低，受信贷约束的可能性较大，因此，应积极提高家庭教育水平，鼓励居民再学习培训，积极普及金融知识。（5）促进居民金融资产的多元化发展，这主要在于分流居民储蓄存款，提高债券、股票、保险在居民金融资产中的比重。为了创建更加完善的金融环境供家庭进行金融产品的投资，就需要加快股票市场、债券市场和保险市场等的改革创新，增加金融产品的种类，以满足不同偏好家庭的需求。（6）规范资本市场秩序，完善资本市场结构，保护中小投资者权益不受侵害，增加金融市场的信息透明度，对投资者的不规范行为制定并采取更为严格的惩罚制度，大力支持社保基金和企业年金等机构投资者的发展，形成多元化的投资结构，拓宽家庭投资渠道，这有助于家庭优化资产配置，并有利于促进储蓄转化为投资。

# 目　录

# 第 一 章

# 绪　　论

## 一、研究目的和意义

### （一）问题的提出

　　家庭金融日益受到重视，在欧美发达国家，家庭金融已逐步成为与资产定价、公司金融等传统金融研究方向并立的一个新的独立研究方向（Campbell，2006）。家庭金融研究家庭如何在不确定性环境下使用各类金融工具实现其财富目标，这也是金融研究的核心问题之一。家庭的金融资产选择行为既是微观主体的经济行为，又与整个宏观经济密切联系。随着我国经济体制的不断改革完善、金融市场的不断发展以及家庭可支配收入的快速提高，家庭财产中金融资产的比重日益增加，并且其金融资产选择行为日益复杂化，不再是过去单一的储蓄性存款，家庭开始参与股票、基金、债券、金融衍生品、贵金属等金融风险资产的投资，然而与发达国家家庭金融资产选择的风险化和中介化的特征相比，我国家庭金融资产配置仍以储蓄为主，金融资产风险化程度低的异质性特征，表现为：当前我国居民在银行的储蓄存款已经超过 42 万亿元，储蓄存款在家庭金融资产中的占比超过 50%，而中国家庭的股市参与率仅为 8.84%，金融风险资产参与率仅为 20.94%（甘犁等，2012）。

　　传统的资本资产定价理论认为所有家庭都将一定比例的财富投资于

所有的风险资产，且投资比例仅取决于其风险态度，而现实中为什么许多家庭没有参与风险资产的投资？中国家庭风险资产的参与率和参与深度又为什么远远低于发达国家呢？本书基于社会网络和信贷约束都可能对家庭资产选择产生直接影响，并且社会网络还可能通过缓解信贷约束对家庭资产选择产生间接影响的前提，将从社会网络和信贷约束两个方面来回答此问题。一方面，在中国，家庭风险资产参与低的一个很重要的原因就是其对风险资产的认识有限，而社会网络可以通过其"信息桥"的作用提高家庭的信息获取能力，从而增加获利机会，降低投资决策的失误率（Grannovetter），中国是传统的"关系"型社会，其社会网络的这一作用可能将更加明显，基于此，家庭的社会网络可能对其资产选择起作用。另一方面，家庭实际行为是家庭在面临约束下基于自身偏好的选择，家庭需要通过资产的跨期配置来平滑消费以实现家庭长期效用的最大化。然而家庭能否实现资产的有效配置很大程度取决于家庭能否自有借贷，根据圭索等（Guiso et al.，1996）和库（Koo，1998），信贷约束是减少风险资产需求的一个重要因素。中国家庭金融调查的数据显示，22%的家庭受到金融机构直接的信贷约束，这类家庭股市参与率比其他家庭低 4.70%，风险资金占比比其他家庭低 2.15%。该结果反映受信贷约束家庭在资产配置上可能存在不同的特点，非常值得进行深度研究和探索。而社会网络在金融交易中有类似抵押品的功能（Biggart and Castanias，2001），并且可以通过网络成员间的信息共享缓解信息不对称，降低交易成本（Granavetter），这可能也将使社会网络通过减缓信贷约束从而影响家庭风险资产选择。因此，本书将分别就社会网络、信贷约束对家庭资产选择的影响进行研究以及社会网络对信贷约束的影响，并在此基础上分析社会网络通过减缓信贷约束对家庭资产选择产生的影响。

## （二）研究目的

本研究的目的主要有以下几点：

### 1. 分析传统资产组合理论和现实家庭资产组合之间差距产生的原因

传统的资本资产定价理论认为所有家庭都将一定比例的财富投资于所有的风险资产，且投资比例仅取决于其风险态度，而现实中许多家庭没有参与风险资产的投资，是什么因素导致这些家庭没有参与风险资产投资呢？本书的其中一个目的就是试图归纳总结出家庭风险资产有限参与的影响因素。

**2. 研究我国家庭资产选择的特征**

欧美等发达国家的学者对其家庭资产选择的特征进行了较为系统的研究，为我们研究中国家庭资产选择的特征提供了富有价值的理论研究成果，但是文化传统与社会背景的不同使得我国家庭资产选择有其特征，本书将就该问题进行深入分析，阐明我国家庭资产选择的特征。

**3. 检验社会网络、信贷约束对家庭资产选择影响**

社会网络、信贷约束与家庭资产选择三者之间有紧密的联系（如图1-1所示），但具体是如何相互影响的呢？本书的核心目的就是实证研究社会网络与家庭资产选择、社会网络与信贷约束以及信贷约束与家庭资产选择，并探寻其影响机制。目前，我国关于家庭金融资产选择的实证研究较少，主要是因为缺乏详细的家庭资产组合的微观数据，中国家庭金融数据（CHFS）为我们提供了实证的数据基础。长期以来，中国居民储蓄率一直位居世界第一，而金融风险性资产的参与率却非常低，如何将居民储蓄存款转化为金融投资，这是政策制定者高度关注的一个问题，对社会网络、信贷约束与家庭资产选择三者关系的研究有助于为促进储蓄转化为投资提供相关的政策建议。

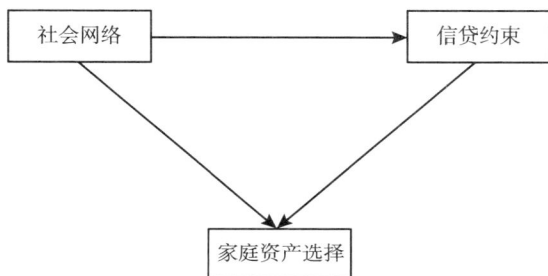

**图1-1　社会网络、信贷约束与家庭资产选择三者之间的关系**

资料来源：笔者绘制所得。

## （三）研究意义

### 1. 理论意义

（1）家庭资产选择的研究有助于拓宽资产定价理论的研究视野并提高资产定价模型的解释力；家庭股市参与问题的研究是对股权溢价理论和储蓄投资理论的进一步发展。

（2）研究信贷约束是否通过制约家庭资产跨期配置，继而影响家庭消费、储蓄、资产组合和就业等微观家庭决策，导致其行为不符合生命周期模型和持久收入模型（Life Cycle Model and Permanent Income Hypothesis，LC – PIH）的预测，从而修正和完善生命周期理论和持久收入理论。

### 2. 现实意义

（1）通过对家庭资产选择行为的研究，揭示哪些因素（年龄、受教育程度等社会人口学特征、劳动收入、房产投资等背景风险及社会互动、信任及文化等社会因素）影响了家庭的资产配置和负债决策，从而有助于帮助、教育投资者更好地进行投资规划，提高家庭经济福利（如 Lusardi，2008）。

（2）对家庭资产选择行为的研究能为我国宏微观经济政策的制定提供有益参考，有助于回答这方面许多与政策密切相关的问题，并有助于相关决策部门更好地制定举措，比如是否应该让家庭自主进行退休金账户资产配置，如何要求金融机构对其提供的金融产品进行适当的信息披露，产品的设计在哪些方面如何改进才能更好地服务于投资者的利益等（Campbell and Cocco，2003）。

# 二、研究方法与结构安排

## （一）研究方法

本书基于经济金融理论，利用大样本微观数据，建立计量模型，进行实证分析。具体而言，本书采用以下方法。

本书从不同的角度，基于实证分析来对我国家庭资产选择行为进行研究，并重点研究了社会网络、信贷约束对家庭资产选择的影响以及社会网络对信贷约束的影响。本书的实证分析根据研究的具体问题，综合使用了不同的计量方法，包括 Probit 模型、Biprobit 模型、Tobit 模型、内生性检验及工具变量估计等方法。

本书要研究使用：（1）离散选择模型，家庭对金融市场的参与、家庭是否受到信贷约束等因变量都是离散的 0~1 变量，为了对社会网络、信贷约束与家庭资产选择行为进行研究，本书将选用二元 Probit 模型进行估计；金融知识是离散的 0~4 变量，为了研究社会网络对其影响，将选用多元 Probit 模型进行估计。（2）截取回归模型。本书要研究的家庭资产配置比例是分布在 0 和 1 之间的连续变量，在左右两边均是截断的（Censored），家庭信贷额是分布在 0 以上的连续变量，在左边是截断的，用普通最小二乘估计会带来偏误，为此，本书将用截断回归 Tobit 模型进行估计。（3）两阶段工具变量估计，本书的关注变量信贷约束可能对金融市场参与和金融资产占比等变量的估计中都是内生的，关注变量社会网络可能对金融市场参与、金融资产占比、信贷约束可能、信贷额等变量的估计中都是内生的。为了避免内生性对估计结果带来的偏误，本书将采用两阶段最小二乘法（2SLS）、有限信息极大似然估计法（LIML）等工具变量的估计方法进行实证研究。

## （二）结 构 安 排

本书拟解决的关键问题及难点有以下几个。

### 1. 社会网络、信贷约束的界定和测量

由于社会网络的多样性和多维度，因此对它的合理界定和测量有一定难度，本书主要研究家庭层面的社会网络，中国家庭的社会网络主要基于亲友邻里，而亲友邻里之间互动的重要方式是节假日、红白喜事的礼金往来，春节拜年是测度中国家庭社会网络最有效的工具，本书选取礼金收入衡量家庭社会网络。信贷约束的识别和测量问题一直是导致信贷约束实证研究结果存在差异的重要原因，信贷约束的测量方法分为早期测量法、间

接测量法和直接测量法三种，鉴于直接测量法具有相对优势，因此本书选取直接测量法，利用调查问卷所获得的直接信息从需求和供给两方面对信贷约束进行识别和测量。

**2. 社会网络与信贷约束、家庭资产选择之间的关系**

本书使用 Probit 模型和 Tobit 模型分别考察社会网络对家庭股市参与率和参与深度的影响、信贷约束对风险资产参与率和参与深度的影响，使用需求可识别的双变量 Probit 模型考察社会网络对信贷需求和信贷约束的影响，并使用 Tobit 模型考察社会网络对家庭正规借贷额和民间借贷额的影响。在实证中，如何解决关注变量的内生性问题是本书遇见的最大困难。首先，本书的关注变量信贷约束可能在对金融市场参与和金融资产占比等变量的估计中都是内生的，关注变量社会网络可能在对金融市场参与、金融资产占比、信贷约束可能、信贷额等变量的估计中都是内生的，如何寻找合适的工具变量避免内生性对估计结果带来的偏误是本书研究的最大难点，作者将首先选用 Durbin – Wu – Hausman 检验对关注变量是否具有内生性进行检验，并用第一阶段估计的 $F$ 值检验法，工具变量 $t$ 值检验法对选取的工具变量是否合适进行检验，尽可能的筛选出最适合的工具变量。其次，本书应尽可能避免由模型设定偏误、遗漏重要的解释变量而导致的内生性问题，在选取解释变量时应尽可能的全面。

**3. 探寻促进家庭资产合理配置、缓解家庭信贷约束的对策措施**

通过研究社会网络、流动性约束对家庭资产选择的影响作用，提出完善金融市场、引导家庭合理配置资产的政策措施；通过研究社会网络对信贷约束的影响，提出缓解家庭信贷约束的政策措施。

本书根据研究目标，研究内容以及拟解决的关键问题，在对前人研究进行梳理和回顾的基础上，先分析对比了我国和发达国家金融资产选择的特征，然后对社会网络与家庭资产选择、信贷约束与家庭资产选择以及社会网络与信贷约束行为进行实证研究，最后对研究结果进行总结并有针对性地提出相关政策建议。

本书共计七章，以下对本书结构做简要概述（如图 1 – 2 所示）。

第一章绪论，交代了问题提出的背景和依据、研究的目的和意义，阐明了本书拟解决的关键问题、研究路线和技术路线以及本书可能的创新之处。

第二章文献综述，对家庭资产选择、社会网络、信贷约束的相关文献进行梳理，关于家庭资产选择文献的梳理，首先介绍了消费－储蓄行为理论、传统资本资产定价理论，然后对现实中家庭资产选择差异产生的原因进行了综述。关于社会网络文献的梳理，分别就社会网络的界定、社会网络理论、社会网络的作用、社会网络的测量展开综述。关于信贷约束，分别对信贷约束与信贷配给的定义、信贷约束产生的原因及其缓解、信贷约束的测量方法进行了综述。

第三章家庭资产选择特征，首先，分别用 SCF 数据和 HFCN 数据分析了欧美等发达国家的家庭资产选择特征；然后，用 CHFS 数据分析了我国家庭资产选择的特征；最后，总结了与欧美等发达国家相比，我国家庭资产组合的异质性。

第四章社会网络与家庭股票市场参与，选用礼金支出、礼金收入、礼金往来和通信费用等指标分别从多个角度对社会网络进行度量，运用 Probit 和 Tobit 模型考察社会网络对家庭股市参与率和参与深度的影响，进一步，本章考察了金融发展中社会网络对股市参与的动态影响。

第五章社会网络与信贷约束，运用需求可识别双变量 Probit 模型考察社会网络对家庭信贷需求、信贷约束的影响，用 Tobit 模型分别考察社会网络对家庭正规信贷额和民间借贷额的影响，并在此基础上进一步探讨了社会网络对信贷约束的影响机制。

第六章信贷约束与家庭资产选择，选用问卷调查中获得的直接信息对信贷约束进行度量，将风险资产分为 4 个层次，分别为股票资产、金融风险资产、金融风险资产＋投资性房产和金融风险资产＋投资性房产＋商业资产等，运用 Probit 和 Tobit 模型考察社会网络对家庭风险资产参与和参与深度的影响。

第七章结论及政策建议，对本研究的主要发现进行总结，并在此基础上提出相应的政策建议。

文献回顾
- 家庭资产选择研究理论和方法
  - 现代资产组合选择理论
  - 家庭资产选择的扩展研究
- 社会网络文献综述 → 社会网络界定、社会网络理论、作用及测量
- 信贷约束理论文献综述 → 信贷约束概念、产生原因、测量方法

数据准备
- 数据采集 → 收集关于发达国家金融资产选择的数据
- 数据清理 → 对CHFS数据及其他数据进行整理

实证研究
- 社会网络与家庭资产选择
- 社会网络与信贷约束、信贷需求
- 信贷约束与家庭资产选择
  - 数据描述 → 对家庭社会网络、信贷约束、金融资产、收入、特征等进行统计描述
  - 模型设定 → 根据因变量的差异选择不同的模型：离散选择模型（Probit）、截取回归模型（Tobit）等
  - 变量选择 → 社会网络的不同度量方法、信贷需求、信贷约束、家庭资产选择、控制变量等
  - 模型估计 → 根据模型类型选择不同的估计方法：OLS、2SLS、MLE等
  - 模型检验 → 根据不同模型进行相关统计检验：Dubin-Wu-Hausman 内生检验、Cragg-Donald弱工具变量检验等

结论和政策
- 研究结论 → 对理论推断和实证结果进行总结说明
- 政策建议 → 完善金融市场、缓解家庭信贷约束、合理利用家庭的社会网络资源

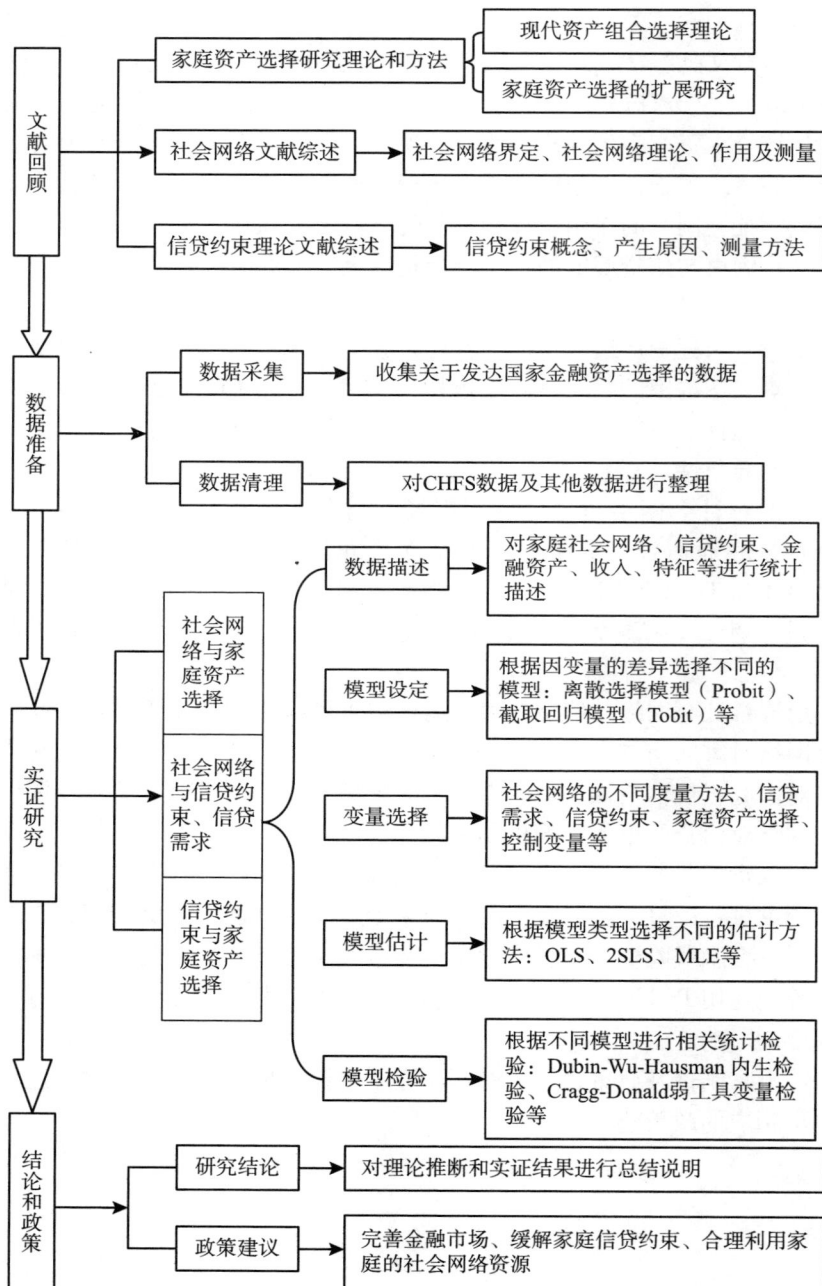

图1-2　技术路线图

# 三、创 新 之 处

本书的创新主要包括三个方面：

第一，本研究为社会网络和股市参与及家庭金融资产配置之间的关系提供了新的证据，证实社会网络通过缓解流动性约束、降低信息费用等途径促进家庭参与股市。通过本书的研究还发现，金融市场的发展会强化社会网络对股市参与的影响，这也为理解社会网络和股市参与关系的动态变化提供了新的证据。

第二，目前国内尚未有人研究信贷约束对家庭资产选择的影响，本书全面分析信贷约束对家庭资产选择的影响。本书利用问卷调查获得的直接信息对信贷约束进行度量，综合考察了正规信贷供给和需求造成的信贷约束对中国家庭资产选择的影响，补充和完善了国内外相关文献。在对风险资产定义时，本书将其从狭义到广义分为四个层次：股票资产、金融风险资产、金融风险资产 + 投资性房产以及金融风险资产 + 投资性房产 + 商业资产，不仅考察了信贷约束对家庭金融风险资产投资的影响，同时还将房产和商业资产纳入到广义的风险资产中，全面考察了信贷约束对家庭风险资产选择的影响。

第三，以往许多文献基于信息不对称视角研究了社会网络与农户借贷行为的关系，本研究的不同之处在于：首先，研究的对象即包括农村家庭也包括城市家庭，而绝大多数文献的研究对象仅包括农村家庭，未考虑城市家庭，城市家庭在做出购买住房、经营工商业等决策时也同样会受到信贷约束的影响；其次，利用问卷调查获得的直接信息将供求双方同时纳入到借贷约束的分析中，对信贷需求、信贷约束变量进行度量，已有文献主要从供给方面衡量了信贷约束，忽视了需求方面导致的信贷约束，并且没有考察社会网络对信贷需求的影响，社会网络提供的信息能够降低借款者的搜寻成本，从而增加家庭的信贷需求，只有在控制信贷需求的情况下才能更准确的估计信贷约束。最后，在调查数据的支撑下，运用需求可识别双变量 probit 模型研究社会网络对中国家庭信贷需求、信贷约束的影响，提高了模型估计的效率和模型结果的可信度。

# 第 二 章

# 相 关 文 献 综 述

## 一、家庭金融资产选择文献综述

家庭金融主要研究家庭如何在不确定性情况下通过金融资产组合的选择及配置实现其财富目标。家庭金融资产选择理论主要关注家庭对一种或几种金融资产产生需求偏好和投资倾向的原因以及影响家庭资产选择决策的因素和影响机制。根据萨缪尔森（Sanroman, 2002），家庭在任何时候都面临两个决策：一是在消费和储蓄之间如何分配资源；二是家庭如何在各类金融资产之间进行选择，特别是风险资产在金融资产中的比例。为了清晰地了解家庭金融资产选择理论发展脉络，本节将从消费–储蓄理论和现代资产选择理论出发，对家庭资产选择的主要研究成果进行梳理。

### （一）消费–储蓄行为理论

消费–储蓄理论主要解释了家庭资产选择中面临的第一个决策问题，即家庭如何在消费和储蓄分配资源。

#### 1. 确定性情况下的消费–储蓄选择

凯恩斯（Keynes, 1936）在《就业、利息和货币通论》中提出绝对收入理论在消费者不存在不确定性和流动性约束，不考虑消费者对预期收入和时间偏好的假设前提下，认为消费与收入正相关，但存在边际消费倾向递减的情况，而储蓄为收入与消费之差。凯恩斯把家庭持有的金融资产分为货币和债券，其货币需求理论认为，人们持有货币主要有三个动机：交易性动机、预防性动机和投机性动机。

杜森贝利（Duesenberry）的相对收入假说认为消费者会受过去的消费习惯以及周围人群消费水准的影响来决定消费。他提出消费存在"赫轮效应"和"示范效应"，其中"赫轮效应"是指人们在时间上将其消费与自己的过去消费进行对比，消费支出只能上升，而难以在现期收入下降时也随之下降的现象。"示范效应"指某些消费者个人或家庭的消费支出和收入的高低变化对其他消费者和家庭消费支出的影响作用，即消费者在进行消费时在空间上进行相互比较，试图在消费水平上超过别人或至少不低于同一阶层的其他人。所以，消费者的消费支出不仅受自身收入的影响，也受他人消费支出和收入的影响。

凯恩斯和杜森贝利的消费－储蓄理论未考虑消费的动态影响，事实上，当期消费的变化将通过储蓄影响未来收入乃至未来消费，消费者的消费－储蓄结果应该是跨期最优选择的结果。费里德曼和莫迪利安尼对相对收入假说进行了拓展，采用动态分析方法分析消费者的最优行为，分别建立了生命周期理论和持久收入假说，把消费－储蓄行为与对长期收入的预期联系起来。

莫迪里安尼的生命周期理论强调消费与个人生命周期所处阶段的关系，认为人们会在更长的时间范围内计划他们的生活消费开支，以达到他们在整个生命周期内消费的最佳配置，实现一生消费效用最大化。消费者进行消费决策时，若当期收入高于其终生平均收入时，储蓄较多；而在收入低于其终生平均收入时，储蓄很少或负储蓄。

费里德曼的持久收入假说认为消费者的收入分为持久性收入和暂时性收入两部分，消费者的消费支出不是由他的现期收入决定的，而是由他的持久收入决定的。如果收入增加是由持久性收入的变化引起的，那么消费者会把大部分收入增量用于消费；但如果收入增加是由暂时性收入的变化引起的，那么消费者会把大部分收入增量储蓄起来。储蓄主要是为了平滑消费。

生命周期理论和持久收入假说没有考虑不确定性因素对消费－储蓄的影响，然而，现实中未来的收入具有不确定性，消费者会在利用相关信息对未来收入水平进行预测的基础上决定其消费和储蓄行为。

**2. 不确定性情况下的消费－储蓄选择**

利兰（Leland，1968）将不确定性引入消费函数，建立了一个两期模型，首次对预防性储蓄进行了分析，该模型假设绝对风险厌恶系数是递减的（DRRA），并由此推导出产生预防性储蓄的一个必要而非充分条件是"消费者边际效应函数为凸函数（即效用函数的三阶导数为正）"。当边际效用函数为凸函数时，消费者预期未来消费大于当期消费，这意味着不确定性将使消费者减少当期消费并增加储蓄，从而形成了预期性储蓄理论。该理论认为消费者之所以储蓄，不仅仅是为了在整个生命周期内平滑消费从而最大化效用，同时也是为了防范和减弱不确定事件对生活的冲击和影响。米勒（Miller，1974）将此研究从两期扩展到多时期，也得到了与利兰相似的结论。金博尔（Kimball，1990）进一步研究了预防性储蓄与风险厌恶以及跨期替代之间的关系，他定义了绝对谨慎和相对谨慎系数，并指出两大系数代表着预防性储蓄动机的强度。

预防性储蓄理论在生命周期理论和持久收入假说的基础上考虑不确定性对消费－储蓄的影响。该理论认为消费者储蓄的目的不仅是为了在整个生命周期中平滑消费以实现效用最大化，同时也会防范和减弱不确定事件对生活的冲击和影响，即风险厌恶的消费者会为预防未来不确定性而减少消费水平增加储蓄。

消费－储蓄理论是关于消费支出规划的理论，并不是真正意义上的资产选择行为理论，但一方面由于人们的行为受到流动性约束的限制，使得人的消费与资产选择行为密不可分，若预期未来收入下降，则行为人会选择流动性较好和没有短期出售限制的资产以平滑消费，而且在跨期研究框架下行为人需要同时考虑储蓄决策和投资决策；另一方面，家庭消费－储蓄理论通常假设家庭金融决策的目的是将一生的收入分配以保证一生最优消费，家庭之所以持有股票等风险资产是因为它们的回报中提供风险溢价，家庭预期持有风险资产引起的消费变动不会超过风险溢价的回报（Arrow，1974）。因此，该理论为资产组合理论奠定了基础。

## （二）现代资产组合选择理论

马科维茨（Markowitz，1952）建立的均值－方差模型奠定了现代资产组合理论的基础，该理论假设经济人只关心每种资产的预期回报（期望）和风险（方差），以及资产回报之间的协方差，在此基础上指出有效投资的标准是给定风险追求期望收益最大化，或给定期望收益追求风险的最小化，进一步，其研究表明资产组合能够降低风险，在不确定条件下分散化投资是最优选择。托宾（Tobin，1958）提出了著名的"两基金分离定理"，进一步完善了投资组合选择理论。他指出，所有经济人的资产组合（一种无风险资产和唯一的风险资产）相同，个人流动性风险偏好的差异决定了风险资产在资产组合中的比例。夏普（Sharpe，1964）将有效市场理论与均值－方差理论结合，提出在一般均衡框架中以理性预期为基础的投资者行为模型，即资本资产定价模型（Capital Asset Pricing Model，简称CAPM），CAPM 模型揭示了证券市场上的非系统风险可以通过投资分散化消除，而系统风险却无法消除并对预期收益产生影响。均值－方差模型、两基金分离定理、CAPM 模型都是一期静态模型，不涉及跨期消费－储蓄选择，而事实上，投资者不仅仅只考虑其资产组合当前一个时期的收益，还关心以后若干时期的可能情况。

萨缪尔森（Samuelson，1969）和莫顿（Merton，1969）最早考虑了连续时间下的最优消费－投资组合决策问题，提出了无风险债券与风险股票的投资决策模型，根据他们的模型，投资者应该将一定比例的财富投资于所有的风险资产，投资者的最优风险资产持有比例独立于年龄、财富、投资期限等变量，仅由投资者风险厌恶程度的差异决定。在萨缪尔森和莫顿的模型中假设投资者的相对风险厌恶水平不变且为常数，但实际上，投资者的风险厌恶水平与家庭的财富、年龄以及收入等因素相关，例如，实证表明随着家庭财富水平的上升，投资者的风险厌恶水平将下降，导致其风险资产比例增加。

以上传统的资产选择理论以理性人、完全市场、标准偏好为假设前提，在此基础上研究得出家庭投资比例仅取决于投资者的风险偏好，所有投资者都将一定比例的财富投资于所有股票（Markowitz，1952；Tobin，1958；Sharpe，1964；Samuelson，1969）。然而，实证研究表明，家庭的投资组合选择与传统资产选择理论有许多不一致，特别是，现实中许多人根本不投资于股票，即使参与股票市场的投资者也并非持有市场中所有类型股票，现实数据远远低于理论上的最优风险资产持有份额，这被称为"股票有限参与之谜"。因此，解释传统资产组合理论和现实家庭资产组合之间的差距成为家庭金融研究的核心问题之一。

## （三）家庭资产选择扩展研究

在对家庭股票有限参与之谜的探索和金融实际需求的推动下，近年来，国内外学者通过寻找各种内外生变量改进传统模型，目前，家庭金融理论通过引入相关变量，如交易摩擦、劳动收入、房产、信贷约束等，建立跨期资产选择模型或经验验证，已改进金融理论对家庭金融投资的预测和解释能力，并为家庭金融投资提供指导。

**1. 交易摩擦与家庭资产选择**

完全市场条件下不存在交易摩擦，但在现实中市场的不完全性使得家庭资产选择行为受到诸多限制，因此许多学者将交易摩擦因素（如不允许卖空、买卖证券产生的交易成本和税收等）引入到生命周期资产组合模型中。

希顿和卢卡斯（Heaton and Lucas，1997）认为投资者做投资时将考虑交易成本，他们更倾向于投资交易成本较低的资产。圭索等（Guiso et al.，2002）运用静态均值－方差模型说明进入股市有固定成本，投资者财富越多，其投资股票获得的效用能够弥补进入股市固定成本的可能性就越大，因此持有股票资产的可能性越大，而财富水平低的家庭不投资股票是理性的。维辛－约根森（Vissing－Jorgensen，2002）考虑了三种股市参与成本（固定成本、每期交易成本、比例交易成本）对股市参与的影响，他们发现固定成本对股市参与决策有重要影响，每期交易成本解释了一半家庭选择不参与股市。科科等（Cocco et al.，2005）根据未参与股市的投资者的人口特征计算了如果他们投资股市所能实现的收益，发现只要这些投资者合理预期到自己的投资能力，很小的固定参与成本就会使得他们选择不参与股市。戈麦斯和迈克利兹（Gomes and Michaelides，2005）认为股票投资相关的成本包括资金成本、信息成本、效用成本、福利成本等。艾伦（Alan，2006）认为投资者首次进入股市必须发生的一次性费用包括时间成本和资金成本，一次性进入成本大约占劳动收入永久部分的2%，正是由于进入成本的存在，降低了低储蓄者持股的可能性。维辛－约根森（Vissing－Jorgensen，2003）将投资股市需要花费的时间和金钱视为参与成本，指出持有股票使报税复杂化。参与成本可能是造成一些家庭持有股票后不舒服的心理因素，洪等（Hong et al.，2004）发现家庭更愿意选择他们熟悉的金融产品。坎贝尔（Campbell，2006）将参与惯性解释为投资组合再平衡的固定成本。

正是市场摩擦的存在，股票投资中资金、时间、精力等交易成本的制约，一部分家庭由于了解市场信息渠道受限、专业知识欠缺，因而没有参与股票市场或者股票投资比例较低。

### 2. 劳动收入与家庭资产选择

劳动是家庭最重要的不可交易资产，家庭能获得劳动收入但不能交易劳动能力，其风险具有异质性和不可对冲性。博迪等（Bodie et al.，1992）最早将人力资本引入投资组合与消费选择模型的研究，他们发现劳动与投资选择关系密切，由于劳动供给具有弹性，家庭可以通过增加劳动供给或者推迟退休延长工作时间以应对不利的投资结果，这在一定程度上能够提升家庭承受金融投资风险的意愿，因此相对老年投资者，年轻人由于具有更高的风险承受能力而愿意持有更多的风险资产。与博迪等人研究的结论相似，希顿和卢卡斯（Heaton and Lucas，1997）认为在包含劳动收入及证券组合约束下，投资者的最优证券组合应该是将绝大部分储蓄资产配置到高风险的股票资产上，若没有证券组合约束，投资者甚至应该卖空无风险的长期债券投资于股票。

对于劳动收入风险的性质，仍然存在一定的争论，大多数研究认为人力资本所产生的收入风险更接近与股权类资产，因此劳动收入风险对股市参与有挤出效应。希顿和卢卡斯（Heaton and Lucas，2000）认为劳动收入的背景风险会增加家庭风险厌恶水平从而使家庭投资更为谨慎。本佐尼（Benzoni et al.，2009）认为总劳动收入与股利存在协整效应，由于协整效应，年轻人的人力资本更像"股票"，年轻人的最优投资组合是将其财富少投资股票。然而，由于老年人以较短的时间退休，协整效应没有足够的时间去发挥作用，他们的人力资本变得更像"债券"，因此，老年人应该将其财富多投资股票。安格尔和拉姆（Angerer and Lam，2009）进一步将劳动收入风险分为持久风险和暂时风险，发现持久风险降低了居民风险金融资产的持有比例，暂时风险的影响并不显著。圭索等（Guiso et al.，2000）通过对意大利家庭资产选择的研究，证实劳动收入风险降低了家庭风险资产投资比例。恰尔达克和威尔金斯（Cardak and Wilkins，2009）研究了澳大利亚家庭风险金融资产配置，同样得出劳动收入风险与居民的风险金融投资有显著的负相关关系。国内学者何兴强等（2009）实证发现劳动收入风险越大，我国居民股票参与率越低。其他学者持不同观点，阿伦德尔和帕尔多（Arrondel and Pardo，2002）通过理论分析并对法国家庭进行了实证研究，得出若劳动收入风险与超额金融收益风险负相关，则劳动收入风险增大能够提高投资者对风险资产的投资；若两者正相关，劳动收入风险增加则会降低对风险资产的投资。科科等（Cocco et al.，2005）发现人力资本所带来的劳动收入相当于持有无风险资产，因而持有劳动收入使得投资者更愿意持有更高比例的风险资产。莱什等（Alessie et al.，2000）发现荷兰居民预期收入的不确定性对风险资产投资影响不显著。

### 3. 住房资产与家庭资产选择

住房资产是家庭的主要资产，特别是对于中产家庭来说，房产在其总资产中的比例最大（Campbell，2006）。房产是一种特殊的资产，一方面房产作为一种耐用消费品，给家庭提供居住服务，使家庭能够规避房租与其他消费品相对价格变动的风险，同时房产又是一种投资品，家庭可以从房价上涨中获利，但房产的流动性很差。买房或租房选择以及持有房产对家庭资产选择的影响是家庭金融首要讨论的问题（Yao and Zhang，2005）。

弗拉文和亚马斯特（Flavin and Yamashita，2002）发现过度投资房产减少了家庭对股票的需求。家庭对房屋的消费需求导致杠杆头寸，尤其对于年轻家庭来说杠杆比率（住房投资与净资产比值）更高，为了降低组合的风险，年轻家庭股票投资比例较老年家庭低。卡尔曼和西格尔（Kullmann and Siegel，2005）认为股市参与率及股票持有量由于房产风险的暴露而减少；投资者在不考虑把其他投资与房产投资作为一个组合的情况下，房产占用投资者大量资金后，用于其他投资的资金将非常少；房产价值波动越大，股市参与概率及参与程度越低。爱维萨科（Iwaisako，2003）发现日本家庭在购买房产后，由于大量的房屋贷款导致了高杠杆头寸，对风险性金融资产的需求有挤出作用。科科（Cocco，2004）考虑房产投资的前提下家庭最优投资组合问题，他发现房产对家庭资产积累、资产配置有重要的影响，对于较年轻和财富积累较少的投资者来说，房产大约是其总的财富，很低的股市参与成本就能解释为什么很多家庭没有参与股市，同时房产价格风险对持股具有挤出效应，这种挤出效应对于低财富净值的家庭更大。吴卫星和齐天翔（2007）发现居民房地产投资与居民股票市场参与呈显著的负相关关系。何兴强等（2009）的研究同样表明房产投资显著降低了居民的股市参与率。

姚和张（Yao and Zhang，2005）在分离了住房消费需求和住房投资需求的情况下，讨论了房产投资和借贷约束对投资者最优资产选择的影响，其研究表明拥有住房的投资者家庭净资产中持股比例较低，存在挤出效应；但在流动资产组合（债券和股票）中持有一个更高的股权比例，存在分散效应。既存在挤出效应又存在分散效应的原因在于，相较于租房，购房后投资者的流动资产总额减少了，尽管持有的股票在财富净值中的占比下降，但在流动资产中的占比上升了。另外，房产也可以作为抵押品来帮助投资者获得融资（Campbell，2006），对于可能面对流动性约束的投资者来说，在进行资产配置和住房按揭贷款选择时需要考虑未来收入下降和流动性约束起作用时的负面效应。年轻人更应该考虑流动性约束的影响，因为他们的财富积累相对较少。

从上述文献来看，在生命周期的资产组合模型中引入房产将增强模型的解释力，尤其是在中国自有住房率居世界首位（甘犁、尹志超等，2012），而国内房价不断上涨的背景下，分析房产价值、房屋所有权对家庭股票投资的影响更具现实意义。

### 4. 企业资产与家庭资产选择

许多富有家庭拥有私人企业，世界上拥有私人企业的家庭在总人口的数量不到10%，但却拥有全社会40%的净资产，因此拥有私人企业的家庭对资产需求和定价有特别重要的作用（Gentry and Hubbard，2004）。对与私人企业主来说，出于信息不对称导致的外部融资成本与内部融资成本的差异以及道德风险带来的激励等因素的考虑，他们的消费、储蓄及资产选择等行为与普通投资者有系统性差异。金特里和哈博德（Gentry and Hubbard，2004）发现，单独考察私人业主的储蓄投资行为对于解释财富分布及财富收入比等特征至关重要。坎贝尔（Campbell，2006）根据美国SCF数据发现，在最富有的20%家庭中既没有投资私人企业，也没有参与股市的家庭仅占不到10%，因此，私人企业资产的挤出效应能够对富裕家庭没有参与股市投资的现象进行大部分的解释。而在中国，14%的家庭拥有私人企业，远高于美国的7%（甘犁、尹志超等，2012），中国私人企业可能对股市参与有更显著的影响。卡罗尔（Carroll，2002）研究表明富有家庭更倾向于持有风险性资产，特别是投资于自己拥有的企业，对这一现象有三种解释：一是将财富看作是一种奢侈品，这表明风险厌恶随财富增加而下降；二是在风险态度中有外生变量，以至于风险偏好的家庭从事高风险投资，而运气好的风险偏好者成为富人；三是资本市场的不完全性导致私人业主需要自己融资和企业投资将获得超额收益。戴维斯和维伦（Davis and Willen，2006）研究表明，小企业主的个人收入可能与风险性资产回报高度正相关，这被称为"产权风险（Proprietary Risk）"，大的产权风险将使投资者在生命周期中持有风险资产的比例下降。希顿和卢卡斯（Heaton and Lucas，2000）认为在一些富裕家庭的资产组合中，私人企业对股票需求有替代效应，相较于相似年龄和财富的其他投资者，私人业主拥有更安全的金融资产组合，这可能是因为私人业主需要通过持有安全的金融资产组合来对冲他们企业投资的风险，也可能如舒姆和菲戈（Shum and Faig，2006）认为的那样，私人业主选择更安全的金融资产组合是为了给其企业提供稳定的现金流，确保其企业投资不出现资金断裂，他们研究了私人企业对金融资产组合选择的影响，他们发现，私人企业回报率越高，其经营中断的损失越大，导致投资者金融资产投资越保守，从而较少参与股票投资。

综上所述，由于私人企业投资风险与股票投资风险正相关，导致私人业主更愿意投资安全的金融资产，从而导致其资产组合中股票投资比例降低。

### 5. 信贷约束与家庭资产选择

帕克森（Paxson，1990）主要讨论了信贷约束对家庭持有资产流动性的影响，他证明，当信贷约束是外生时，这种交易成本可以通过持有更加安全的、流动性更好的资产来避免；而当信贷约束内生（由利率决定），借贷将依赖于用流动性差的资产作为抵押物时，家庭可通过减持流动性资产以降低未来受到信贷约束的概率。迪顿（Deaton，1992）认为在信贷约束条件下，家庭对资产尤其是流动性资产的需求增加，以确保未来的消费。哈里亚索斯和贝尔托（Haliassos and Bertaut，1995）认为受信贷约束家庭的行为与无信贷约束家庭的行为是有差异的，前者将选择持有较低比例的风险资产。古（Koo，1998）也发现，那些预期会受到信贷约束的家庭会少持有风险资产。消费者的资产组合可能在当前没有受到信贷约束，却会受到预期未来信贷约束的影响，此时，如果销售风险资产和流动性不好的资产存在交易成本，则这些资产的实现价值会降低。盖科迪斯（Gakidis，1998）检验了生命周期中信贷约束和收入风险的交互作用。哈里亚索斯和赫塞皮斯（Haliassos and Hassapis，1999）研究了抵押品型和收入型流动性约束对财富积累、资产组合和预防性储蓄动机的影响。对于可能面对信贷约束的投资者来说，在考虑投资组合的同时，考虑信贷约束是很有意义的。科科等（Cocco et al.，2005）证明，信贷约束对不同风险厌恶、收入风险的资产组合具有重要影响，出现信贷约束的家庭会导致预防性储蓄减少。

家庭户主年龄和金融资产总额的变化会引起家庭策略的变化，因此在考虑信贷约束影响时应使用动态有限期模型而不是静态无限期模型。康斯坦丁尼德斯等（Constantinides et al.，2002）构建了一个代际交叠一般均衡模型，说明在年轻人受到借款约束的前提下，由于劳动收入与股票收益相关性很低。因此年轻人相对中年人有更多的股票投资需求来分散未来劳动收入变化的风险。年轻人积累的财富少且存在流动性约束，这抑制了对股票投资的需求，产生了更高的股票风险溢价。考虑了一个三期家庭一般均衡模型，他们认为，年轻人群未来的预期收入较高，他们面临的信贷约束对解释股权溢价之谜非常重要。多尔斯莱登（Storesletten et al.，1998）证明在生命周期一般均衡模型中，信贷约束、持续的异质性冲击可解释大部分观察到的股权溢价之谜。投资者最优投资及住房按揭贷款的选择需要考虑未来收入下降且信贷约束起作用时对效用的负面影响（Campbell and Cocco，2003）。尤其对于年轻人来说，他们积累的财富较少，信贷约束更有可能起作用。在投资者其他收入下降时，收益下降的资产对于投资者来说风险更大（Campbell，2006）。威伦和库布勒（Willen and Kubler，2006）在生命周期资产组合模型中引入房产，并假设家庭可以使用部分或全部长期资产以高于无风险利率的利率进行借贷，研究表明，高昂的借贷成本增加了家庭的预防性储蓄，从而推后其持有股票的时间。

总之，以往的研究都表明信贷约束会减少家庭风险性资产的持有。

### 6. 人口统计特征与家庭资产选择

家庭资产选择行为的复杂性与综合性，很大程度上与家庭人口统计特征有直接联系。众多学者通过将人口统计因素引入实证模型来解释股市"有限参与"之谜。

受教育程度对于投资者是否投资股票以及投资的比例有显著影响（Campbell，2006）。曼丘和泽尔德斯（Mankiw and Zeldes，1991）认为在收入既定的条件下，家庭户主受教育程度越高，参与股市的可能性越大，并进一步指出两者之间存在较强显著性影响的原因是股市存在固定信息成本，教育程度高的投资者易于克服信息障碍。圭索等（Guiso et al.，2002）同样表明受教育程度与股市参与正相关，因为教育不仅与个人的永久收入、财富正相关，还与投资者获取并处理信息的能力、金融的复杂性相关；进一步，教育对间接持股的影响比直接持股更大。投资者受教育程度对股市参与、股票投资比例均有正向显著影响。

根据生命周期假说，家庭投资组合具有一定的年龄效应。坎纳（Canner et al.，1997）指出家庭应随年龄变化调整资产组合中风险资产的比例。与科科等（Cocco et al.，2005）认为家庭股票投资比例和年龄呈现强的负相关关系的结论不同；舒姆和菲戈（Shum and Faig，2006）表明年龄对家庭持股比例呈"驼峰"型效应，61 岁前，年龄的增加提高了持有股票的可能性；恰尔达克和威尔金斯（Cardak and Wilkins，2009）证实居民股市参与度随年龄增长而增加；与其他国家相比，日本家庭持股比例峰值出现在生命周期更晚的阶段，五十多岁时达到峰值，后变成常量，同时指出年龄主要解释了家庭是否参与股市的决策，股权份额的年龄效应并不显著（Iwaisako，2003）；吴卫星和齐天翔（2007）并未发现存在生命周期效应。

家庭成员健康状况也是居民资产选择时不可忽视的因素。罗斯和吴（Rosen and Wu，2001）发现健康对金融资产选择及风险资产比例有显著影响，健康状况差的家庭持有风险资产的概率较低。伯科威茨和邱（Berkowitz and Qiu，2006）认为健康状况对家庭金融资产与非金融资产的影响是非对称的，健康状况恶化降低了金融资产的持有，从而减少风险资产持有；若控制健康和非健康家庭所持有的金融资产差额，健康状况与家庭资产组合的关系不显著。恰尔达克和威尔金斯（Cardak and Wilkins，2009）证实澳大利亚家庭的健康风险与风险资产比例呈负向关系。樊和赵（Fan and Zhao，2009）指出健康风险降低了家庭财富积累，在总金融资产不变的情况下，健康风险导致家庭的投资从风险金融资产转向其他金融资产。李涛和郭杰（2009）虽发现健康状况对我国居民股票投资有轻微的负影响，但在统计上不显著。吴卫星等（2011）研究表明投资者的健康状况对参与股市及风险资产市场并无显著影响，对股票或风险资产投资比例的影响显著，进一步从投资者的风险态度和遗赠动机解释该影响。

除了教育程度、年龄和健康外，圭索和帕耶拉（Gusio and Paiella，2004）、坎贝尔（Campbell，2006）等学者还发现性别、婚姻状况、家庭规模、职业等其他人口统计特征影响家庭股票资产的配置。

## 7. 其他因素与家庭资产选择

传统的资产选择理论缺少对投资者微观决策行为及决策背后心理因素的分析，导致模型预测结果与投资者实际资产选择情况矛盾，为了更好地解释和预测投资者资产选择行为，近期许多学者将行为金融学中的相关理论模型成功应用到家庭资产选择行为的分析中。圭索等（Guiso et al., 2004）研究表明家庭居住在具有社会资本越高的地区，越有可能参与股市投资。洪（Hong et al., 2004）将社会互动引入家庭股市参与行为的研究，由于受到邻居、朋友和其他群体的影响，家庭会做出类似的资产配置；家庭参与股市的概率与社会互动程度显著正相关，随着社会互动程度的提高，居民学习参与的机会增加，降低了参与股市的净成本，参与股市的可能性从而提高。圭索等（Guiso et al., 2008）用信任来解释家庭股市参与行为，家庭在做出是否购买股票的决定时，会将被欺骗的风险考虑在内，该研究分别从理论与实证方面证实了信任程度越低的个人购买股票的概率、股票投资比例越小，反之则越高。李涛（2006）采用2004年广东省居民调查数据，发现社会互动和信任都推动了居民参与股市。股市低迷会降低社会互动的积极作用，社会互动对低学历居民参与股市的正面影响更明显。我国个人投资者存在过度自信、过度交易等行为偏差（李心丹等，2002）。吴卫星等（2006）从投资者心理角度实证分析了不确定和过度自信两种因素对有限参与程度的影响，表明理性投资者有更大的投资区域，而非理性投资者在其投资区域内更为激进。

惯性是家庭资产配置的主要影响因素，家庭并没有根据财富不断变化来重新调整资产组合（Brunnermeier and Nagel, 2006）。比利亚斯等（Bilias et al., 2010）进一步分析指出家庭投资组合惯性（包括参与惯性和交易惯性）与具体的家庭特征有关，家庭进入或退出股市行为主要取决于家庭特征，与股市的涨跌没有多大关系。国内学者李涛（2007）发现投资者当前和未来期望的选择都表现出了参与惯性（倾向于维持他们过去的选择），这并非理性选择所致，而是其禀赋效应或延迟决策等行为偏见的结果。

舒姆和菲戈（Shum and Faig, 2006）研究了家庭储蓄动机、采用专业投资建议对持股的影响。不同储蓄动机的影响不同，为教育、家庭消费、退休进行的储蓄增加了持股机会，为私人商业投资的储蓄降低了持股的可能性；寻求专业投资建议的家庭持股倾向更高。

此外，投资者的偏好异质性也能在一定程度上解释股市有限参与现象。戈梅斯和迈克利兹（Gomes and Michaelides, 2005）考虑了偏好异质性，认为风险偏好的家庭之所以不投资股票是由于没有积累起财富；而风险厌恶的家庭虽然积累了财富，能够支付参与股市的固定成本，但是他们的参与度却不高，而一旦投资者参与股市，就会倾向于投资全部资金。圭索和帕耶拉（Gusio and Paiella, 2004）发现即使同为风险规避者却也存在规避程度的异质性，家庭风险厌恶程度与风险资产投资显著负相关，风险规避者投资风险资产的比例明显低于风险偏好者。舒姆和菲戈（Shum and Faig，2006）研究表明家庭股市参与、股票份额与其风险规避程度负相关。

# 二、社会网络文献综述

## （一）社会网络界定

20世纪40年代，"社会网络"的概念首次由英国人类学家拉德克里夫·布朗在《社会结构》一文中提出，认为社会网络是指跨越国界、跨越社会，并将其成员联系在一起的一种关系。威尔曼（Wellman，1988）的研究发现，社会其实是一个庞杂的网络，由于个体差异、生产资料所有权差异、社会地位和财富的差异，使得社会中的个体必须相互联系相互作用，这在动物世界也是类似的。许多学者从不同的角度对社会网络进行了定义，约翰逊和马特森（Johnson and Mattson，1986）基于专业分工角度，将社会网络定义为群体内部的成员相互之间为了获取资源、销售产品、进行技术交流而形成的竞争与互补的稳定关系。瑞罗（Jarillo，1988）基于社会网络建立的动机，认为社会网络是成员之间为了维持共同利益和竞争优势而有目的地建立起的关系网络。基于社会网络的表现形式，威廉森（Williamson，1979）认为社会网络是独立群体间建立的介于市场交易和组织层级之间的信任、契约等形式的相互关系；乌西（Uzzi，1997）将社会网络定义为企业间为了共享信息和解决问题而建立起的相互信任、紧密联系的嵌入性互动关系；索罗里（Thorelli，1986）认为社会网络是成员间为了共享知识，实现资源互补而形成的基于市场与层级之间的交易。从以上分析可以看出，社会网络主要是成员间为了实现特定目的，在信任和资源共享的基础上建立的一种相互关系。

社会网络是社会资本的一个维度，社会网络与信任、规则一起被认为属于社会资本的范畴（Putnam et al.，1993），"社会资本"是物质资本和人力资本之外的一种资本形态，与其他资本一样，它也具有生产性（Coleman，1988）。由于"社会资本"的复杂性和多维性，在其概念的界定始终没有得到一致的认识。帕特南（Putnam et al.，1993）认为社会资本指社会组织的特征，诸如社会网络、信任和社会规范，它能够通过推进合作行为来提高社会效率。波茨（Portes，1995）将社会资本定义为个人在更广阔的社会结构（社会网络）中通过其成员资格来获取或运用稀缺资源（如信息获取）的能力。社会网络是人与人之间形成的正式和非正式的社会联系，包括人与人之间直接形成的社会关系和通过物质文化共享形成的间接关系（Mitchell，1969）。社会资本以社会网络为载体，是行动者在社会关系中获得的一种资源（Lin Nan，1999）。社会网络和社会资本都以"关系"为核心，但前者强调社会关系的结构，而后者强调社会关系所带来的利益，社会关系网是社会资本的表现形式，社会资本是社会关系网的内在体现。为此，区别和联系这两个概念，对接下来的研究具有重要意义。

社会网络包括个体和社区网络，个体网络强调以个体为中心的定位网络，是指个人或家庭所拥有的亲戚、朋友或邻里等构成的关系网络，个人和家庭可以通过其社会网络成员的帮助来应对意外冲击和改善生活状况。个体网络关注社会连带，而不是网络结构（罗家德，2005），主要研究个体特性及网络对个体行为的影响。社区网络是相对于个体网络而言的，强调以团体为中心，是由许多特定的个体及他们之间的关系组成的，主要研究群体内部的人际互动、交换模式，个体观念和行为是如何受群体影响的，以及个体如何通过网络来构成社会团体。鉴于本书主要关注社会网络中个体的特性及网络对个体行为的影响，因此，后文对社会网络的分析主要是基于个体网络进行的。

## （二）社会网络理论

自 20 世纪 30 ~ 70 年代，社会网络研究的概念在人类学、社会学、心理学等领域不断深化，并形成了一套系统的理论方法，但直到 90 年代，由于布尔迪厄（Bourdieu，1980）、科尔曼（Coleman，1988）和帕特南（Putnam，2001）等对社会网络的开创性研究，该理论才得到理论界的重视并被广泛应用。经济学家主要运用社会网络相关概念和方法研究经济与社会的关系以及人与人之间的关系。社会网络主要理论包括网络结构观、弱关系强度假设、社会资源、结构洞、差序格局和"人情与面子"等。

### 1. 网络结构观

网络结构观强调人与人、人与组织、组织与组织之间的纽带关系是一种客观存在的社会结构，并分析这些纽带关系对人或组织的影响（Granovetter，1973；Lin Nan，1999）。网络结构观认为人或组织之间的关系会对人的行为产生影响，这与只强调个体属性的地位结构观有很大的不同，主要有以下几个方面：（1）前者认为，家庭在社会中所处的位置，与周边环境和邻里有密切关系；而后者认为，家庭在社会中所处的位置，主要由家庭本身的状况和努力程度有关。（2）前者考虑到层级关系，把家庭做了细致分类，而后者则认为，家庭就是家庭，没有必要进行分类，他们只不过是众多微小经济体中的一个。（3）前者注重家庭之间或家庭成员之间的社会关系，而后则注重家庭个体的地位感。（4）前者认为，要想壮大家庭和改善成员个人发展，必须多发展社会关系网，而后者认为，家庭和家庭成员的发展，是内生变量作用的结果，通社会关系网联系不大。（5）前者提出了家庭和家庭成员在庞杂经济社会中，相互之间的联系是千丝万缕的；而后者只看重家庭自身所处的社会位置。

**2. 弱关系强度假设**

格兰诺维特（Granovetter，1973）在《弱关系的强度》（The Strength of Weak Ties）一文中首次提出弱关系强度假设，并从互动的频率、感情力量、亲密程度和互惠互换四个维度来测量关系的强弱，其中"弱关系"（Weak Ties）是指个人与其"间接网络"成员之间的关系，这些成员（不包括亲戚）彼此之间一般并不认识，同时与个人的紧密网络成员也不认识。"强关系"是个人与亲朋好友之间的社会关系，这些关系是人与人之间组成了一个紧密的社会网络，网络中成员之间彼此熟识，互动频繁。

格兰诺维特（1973，1974，1995）认为强弱关系对人、组织和社会系统的发展有着不同的作用。强关系是在组织（或群体）内部建立的关系，信息（如就业信息等）的重复性、同质性较高；而弱关系是在组织（或群体）间建立的关系，信息重复性低、异质性高。因此，弱关系比强关系充当"信息桥"的作用，能够跨越其社会界限去获得信息，它可以将一个群体或组织的重要信息带到另一个群体中。弱关系不一定能充当信息桥，但充当信息桥的一定是弱关系——这是 Granovetter 提出 "弱关系的强度"的核心依据。

格兰诺维特（1985）发展了卡尔（Karl，1957）① 的嵌入性（Embed-

---

① 卡尔认为经济嵌入并缠结于各种经济制度与非经济制度之中。

dedness）概念，他认为人的经济行为嵌入在社会结构中，而最核心的社会结构是人与人、人与组织、组织与组织之间构成的社会网络。因此，社会网络是理解经济社会现象的重要基础之一，我们可以通过对社会网络性质和类型的研究来描述和解释具体的经济社会现象。

### 3. 结构洞

伯特（Burt，1992）的研究发现，其实一个家庭能否从经济社会中配置好资源，与该家庭是否拥有强大的社会关系网络没多大关系。社会网络结构可以分为两类，一类是"无洞结构"，一类是"有洞结构"。"无洞结构"是指，家庭或各家庭成员间的关系往来密切，每一个家庭看作一个基点的话，每个基点都有彼此联系。"有洞结构"是指，在庞杂的社会关系网间，总有部分或个别家庭失去或缺乏对另外旧家庭的联系，就像编制好的渔网，特别是旧渔网，总有洞在上面。相比之下，"无洞结构"具有信息优势和控制优势，从而能从网络中获得更多的社会资源。

进一步，伯特（Burt，1992）指出个人在其社会网络中所处位置的中心性说明了成员的重要性和在网络中的话语权大小。弗里曼（Feeman，1977）提出社会网络中心性可以从广泛度、居间度和密切度三个方面来度量。广泛度指与个人有关系的网络成员数量，这体现了个人在网络中信息分享的积极程度；居间度是个人建立或破坏网络中信息交流路径的能力，反应了个人在社会网络中的地位；密切度指个人在社会网络中与其他成员构建关系的能力，反映了个人获取信息的效率。相较于处于边缘位置的成员，处于网络中心位置的成员具有明显的信息优势（Brass and Burkhardt，1993）。

### 4. 社会资源理论

林南（Lin Nan，1981）在格兰诺维特的弱关系强度理论基础上提出了社会资源理论，该理论认为个人不会直接拥有那些嵌入于社会网络中的社会资源（财富、权利、声望），这些资源只能通过个人的社会关系直接或间接获取。相较于强关系，弱关系使行动者在采取工具性行动时会获得更多的社会资源。林南（Lin Nan，1990）强调有三种因素决定着个人获取社会资源的能力：（1）社会网络中成员的地位，地位越高，个人获取社会资源的机会越多；（2）社会网络中成员的异质性，异质性越大，工具性行动越容易成功；（3）在社会网络中个人与其他成员的关系强弱，关系越弱表明个人的社会网络规模越大，从而获取到社会资源的可能性越高。

### 5. "差序格局"理论和"人情与面子"理论

考虑中国传统社会关系构建和互动的特点，费孝通（1998）的《乡土中国》中提到，中国的社会关系网络与西方完全不同，中国的家庭承担着整个家族的经济生活任务，"光宗耀祖"的思想根深蒂固，中国人讲究亲疏远近。就像石子投入水中产生的波纹的自然现象一样，中国的社会网络以己为中心，逐渐外移，形成亲疏远近明显的社会关系，这就是费孝通的"差序格局"理论。

而黄光国（1993）认为中国人的人际关系模式具有集体主义取向，在生活中，这种模式的运行依赖于人情、面子和关系等中国特有的社会机制。进一步，黄光国（2010）提出了"人情与面子"理论，指出由于受到中国传统文化和儒家思想的影响，个人与网络中其他成员的关系可分为三种：情感性关系、工具性关系和混合型关系。情感性关系指家庭成员间的关系，这种关系一般比较稳定长久，其对应的交换法则是需求法则，如果代价大于预期回报，尽可能出现亲情困境；工具性关系指个人与他人之间存在的社会交往仅仅是为了达到某些目的，一般在交往中投入的感情非常有限，其对应的交易法则为公平法则，这种关系中个人最有可能做出客观决策；混合型关系介于情感性关系与工具性关系之间，比较容易受人情和面子的影响，其对应的交易法则为人情法则，面临人情困境。

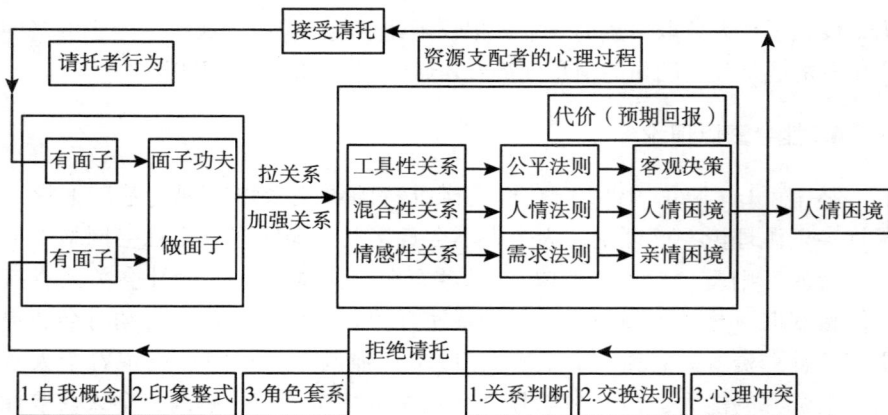

**图 2-1　人情与面子的理论模式**

资料来源：黄光国、胡先缙等：《人情与面子：中国人的权力游戏》，中国人民大学出版社2010年版。

在社会网络的研究理论中，中西方学者都以"关系"作为研究的切入点，但由于中西方不同的社会制度和文化背景，导致中西社会网络理论的研究和发展有所不同。西方社会网络理论是在市场经济体制上发展起来的，因此其"关系"不会对现存制度造成冲突；而在中国，由于其长期实行计划经济的历史原因，导致其注重"关系"的程度高于制度，社会网络的运用甚至阻碍了中国市场化进程的制度建立，而制度的缺位又导致家庭不得不更多地依靠"关系"来实现自己的利益。

## （三）社会网络作用

家庭的社会网络能够帮助家庭获得更多的外部资源，从而有助于家庭共享信息、降低交易成本，从而促进交易的达成。社会网络的作用主要体现在家庭能够运用其网络进行资源再配置，从而能够有效地弥补市场缺陷（Bowles and Gintis，2002）。社会网络的作用具体体现在以下几方面。

### 1. 社会网络有助于家庭信息共享，降低交易成本

社会网络是一种资本，在信息不对称的情况下，社会网络"信息桥"的作用将得到体现，社会网络可以提高个人的信息获取能力，从而增加获利机会，降低投资决策失误率（Granovetter，1973），而且社会网络通常是以亲缘关系或社团关系为基础建立起来的，这有利于增加信任，降低交易成本，加快信息传递和创新，因此社会网络可以转换为金融资本（Putnam，1995）。福山（Fukuyama，2000）证明了社会网络的存在将促进信息共享从而减少交易成本，并弥补正式制度的缺陷。科尔曼（Coleman，1990）认为社会资本与实物资本、人力资本最大的区别在于社会网络是个人获取资源的重要途径，它能够促进信息共享、降低风险、减少机会主义行为。林毅夫、孙希芳（2005）认为非正规金融有特定的信息获取方式与合约实施机制，并且贷方主要通过借贷双方的人缘、地缘关系获取关于借款人的信息。刘成玉等（2011）认为五户联保的小额信用贷款是利用社会网络中的亲情和友情做抵押，从而控制信贷风险。张晓明等（2007）指出，社会资本的参与使得金融机构能够比较容易地收集借款人的信息，从而降低金融机构的监督和交易成本。

### 2. 社会网络有利于促进社会资源的获取

社会网络关系能够在一定程度上帮助家庭重整社会资源，重新对社会

金融财富进行配置（Nahapiet and Ghoshal，1998）。威尔曼（Wellman，1988）的研究发现，家庭在运用社会关系网时，不仅可以增进朋友之间的感情，而且增加了信息获取渠道，这样的益处是长久的。科尔曼（Cole-man，1988）认为相较于强关系网络，弱关系网络较少受团体规范的限制，使得个人更容易获得信息和控制优势，从而有利于其在竞争环境中实现先赢。林南（Lin Nan，2001）研究证明社会网络就像文凭和证书一样，具有社会资证作用，一个人的信誉将首先在其网络中建立"口碑"，然后一传十，十传百。刘林平（2002）认为社会网络对资源配置和重组的作用景产生价值。

### 3. 社会网络有利于促进交易的达成

里根（Reagans，2001）研究指出，社会网络将外部交易活动内部化，这有助于促进利益相关者合作与信任，信任本身是一种无形的激励约束机制，能有效推动合作双方为实现共同目标而达成交易并降低交易的不确定性和道德风险。边燕杰（1997）强调社会网络特别是高密度网络能培养和鼓励成员之间相互信任，从而有利于成员间通过隐秘的行为达成正式结构约束之外的秘密交易。杨国枢（1998）社会网络能连接资源相异、等级有别的个体，并通过人情和面子机制达成长期互惠，促成没有正式规则约束的交易。

## （四）社会网络测量

对社会网络的研究，通常从家庭（或个人）和社区两个层面展开。家庭（或个人）社会网络是指家庭（或个人）所拥有的亲戚、朋友或邻里等构成的关系网络，家庭的社会网络能够帮助家庭获得更多的社会资源，从而影响家庭的就业、福利和贫困（Grootaert，1999）；奈特和岳（Knight and Yueh，2002）。社区层面的社会网络关注社区参与者如何发展和维持集体作为集体财产的社会资本，以及集体财产如何改善群体的生活水平，社区层面的社会网络能够发挥"公共品"的作用，形成促进信息共享，减少交易成本，促进集体决策的长期非正式制度（Collier，1998；Fukuya-ma，2000）。

本书关注的是个人层面的社会网络，因此本小节介绍测量个人社会网络的三种主要方法：（1）以个人在社会网络中所处的位置来测量社会网络，个人在社会网络中所处的位置对应的"结构洞"越多，其社会网络中的社会资源越丰富（Burt，1984）；（2）从社会网络中能提供帮助的成员数量、网络成员提供帮助的意愿和能力三个维度来测量社会网络，其表达式为：$C_n = \sum_{i=1}^{n} C_i R_i$，其中 $C_n$ 为社会网络总量，$C_i$ 为社会网络中第 $i$ 个成员所拥有的资源，$R_i$ 为个人与社会网络中第 $i$ 个成员的关系强度（Flap and Graaf，1986）。在现实中以上指标数据难以获得，因此该测量方法不具备可操作性；（3）从社会网络中成员具有某种资源的种类（异质性）、网络中最典型的资源（构成性）、社会网络中价值最高的成员（网顶）以及成员价值最高和最低之间的差距（网差）等四个方面来测量社会网络（Lin Nan，2001）。由于林南（Lin Nan，2001）的社会网络测量方法符合实际并有很强的可操作性，因此，许多学者在其基础上进行了发展和应用，张其仔（1999）用网络规模、网络类型、网络密度三个指标测度了社会网络，王卫东（2009）基于 2003 年和 2006 年中国综合社会调查数据，用网络规模、网络异质性、网络密度、网顶和网差等指标测量了社会网络。

# 三、信贷约束文献综述

## （一）信贷配给与信贷约束

关于信贷配给（Credit Rationing），埃利斯（Ellis，1951）认为因为存在风险，所以无论在经济繁荣时期还是经济萧条时期，所有贷款者都会规定相应的信贷标准，从而使一部分愿意并有能力支付规定利率但无法满足信贷标准的借款者的借款需求被拒绝，这些借款者被称为未被满足的边缘部分。威尔逊（Wilson，1954）认为在一定的条件下，银行或其他信贷机构根据当时的利率水平，只准备给其客户提供数量有限的信贷资金，导致一部分借款者的信贷需求不能完全被满足，这就是信贷配给。古腾塔（Guttentag，1960）认为信贷配给是银行与客户之间由于非价格因素的影响导致信贷合同中一些条款的改变。哈里斯（Harris，1974）强调银行提高贷款非价格条款标准，将导致"正"的信贷配给，从而加强信贷配给程度；而银行方式降低贷款非价格条款标准，将导致"负"的信贷配给，从而减弱信贷配给程度。斯蒂格里兹和温斯（Stiglitz and Weiss，1981）认为信贷配给分为两种：一种是在"同一类"借款申请人中，部分贷借款人的需求得到了满足，而其余的借款人即使愿意向银行支付更高的利率，其贷款需求仍然得不到满足；另一种情况是市场上存在着"相同"的借款人，当信贷供给规模一定时，即使他们愿意支付更高的利率也无法获得贷款，除非增加信贷供给，借款人才有可能获得贷款。冈萨雷斯 - 维加（González - Vega，1984）认为在不同的信贷约束条件下信贷配给的类型不同，信贷合约主要关注金额、利率及其他合约条件，如果利率出清市场的功能受到限制，那么贷款者将根据需要调整合约条件，如减少贷款金额、增加利率。在存在交易成本和信息不对称的条件下，贷款者不再依据价格条件配置资金，而是依据非价格条件，此时信贷配给被定义为：贷款者在给定利率水平下依据非价格条件配置资金，从而导致贷款者实际放贷额小于其能够放贷的金额（Stiglitz and Weiss，1981）。

巴尔滕施佩格（Baltensperger，1978）认为均衡信贷配给是指一些借款人即使愿意支付借款合约中所有的价格和非价格条款所要求的金额，其贷款需求仍然得不到满足。该定义强调合约的价格条件是银行规定的且没有受到政府的约束，即均衡信贷配给不是因为货币当局对利率上限的管制，而是银行追求利润最大化的结果。进一步，他区分了价格信贷配给和非价格信贷配给，如果利率或非价格条款是信贷市场的出清机制，则称为价格配给；如果贷款规模是出清机制，则称为数量配给。

而信贷约束（Credit Constraint）是指借款人的资金需求无法被满足或者只部分被满足的情况。信贷约束可以分为广义信贷约束和狭义信贷约束。池袋林（Hayashi，1985）将信贷约束划分为三个层面的含义：一是预付货款约束；二是借贷数量上的限制；三是借贷利率的约束，即借款利率高于借款人可接受的水平而放弃贷款。其中，借款数量限制强调消费者无法获得借贷或者实际获得的借贷小于期望水平，借贷利率限制则强调消费者由于借贷成本过高主动放弃借贷。广义的信贷约束至上述三个层面的约束，狭义的信贷约束主要指第二个层面的信贷约束。

信贷配给与信贷约束在许多研究中被相互替代使用，但准确来说，其表达的含义不同。不同之处在于：信贷约束是基于借款者的角度解释信贷需求得不到满足，而基于贷款者的角度则表现为信贷配给。具体来说，信贷配给（Credit Rationing）是贷款者愿意放款数额和能够放款数额之间的差距，信贷配给主要侧重于对信贷供给方的分析，但由于贷款者愿意放款的数额信息难以获得，因此信贷配给很难直接衡量；而信贷约束（Credit Constraint）是借款者的信贷需求长期大于贷款者的信贷供给，信贷需求得不到满足，因此信贷约束不仅来自贷款供给方的信贷配给，还取决于借款者需求意愿。如果借款者以一定利率获得的信贷数量小于其预期规模，则该借款者受到了信贷约束，但只有在借款者愿意支付更高利率都无法从银行获得贷款时，这种信贷约束才是信贷配给，信贷配给是导致家庭受到信贷约束的主要原因之一。

## （二） 信贷约束的原因及其缓解

从信贷供给角度看，信贷约束产生原因的主要理论依据是信贷配给理论。早期的文献主要从违约率（Hodgman，1960），借款人信用等级（Jaffee and Modigliani，1980）及银行与借款人关系（Frie and Howitt，1980）等借款市场具体特征来解释信贷配给的原因。近期的文献则认为造成信贷配给的根源是信息和实施成本，进一步，信贷配给的主要原因可归结为正的交易成本、信息不对称与缺乏有效的合约实施机制。亚当斯和内曼（Adams and Nehman，1979）认为贷款交易成本主要是利率之外的其他费用，包括手续费、交通费、贿赂以及所花费的时间和精力等。斯蒂格里兹和温斯（Stiglitz and Weiss，1981）的理论分析表明信息不对称引起的逆向选择[①]和道德风险[②]问题使得银行贷款低于最优信贷额度，使得信贷配给是市场的长期均衡状态。威廉姆森（Williamson，1987）的研究表明，金融市场上普遍存在的信息不对称导致贷款人面临着较大的贷后监督成本，使得其不得不提高利率，利率的提高导致了违约率的上升，而违约率的上升又导致监督成本进一步上升，这导致了信贷配给，从而使得信贷市场无法"出清"。发展中国家之所以面临更加严重的信息不对称问题，是因为其不畅信息流动机制会导致高昂的信息收集成本。卡特（Carter，1988）认为发展中国家的金融机构通常受到严格管制（低利率和瞄准特定

---

① 逆向选择是指，在信息不对称的情况下，借款者知道自己项目的预期收益和风险，而贷款者（银行或其他金融机构）却只知道借款者项目的平均预期收益和风险，使得贷款者制定的利率水平对风险较低的借款者来说偏高，他们会自动退出信贷市场，导致借款市场上只剩下高风险的借款者。
② 道德风险是指，贷款者无法完全监督那些已经获得贷款的客户的贷款使用情况及其风险管理决策，这导致客户有机会采取不利于贷款者收回贷款本息的行为。

目标的信贷政策）加重了借款者的信贷约束，而且，即使在无管制的金融市场上，中小投资者也常因贷款额度小、抵押品少、交易成本高和信用记录缺失而被排除在正规金融之外。如果借款者拥有其投资项目风险和收益分布的充分信息，而银行则无法以低成本获得这些信息并作出贷款决策，这会影响信贷资金的有效配置（米什金，1998）。贷款者理性的决策是将那些抵押资产不足、信息不透明的中小企业配给出信贷市场（Baltensperger，1998）。

近几年，许多研究者注意到，信贷约束不仅来自银行的信贷配给，还来自需求者自身因交易成本、风险规避、认知偏差等因素造成的需求压抑。拜达斯等（Baydas et al.，1994）认为由于交易成本和贷款拒绝率较高，部分借款人将主动放弃贷款申请。科恩和斯托雷（Kon and Storey，2003）提出了"无信心借款人（Discouraged Borrowers）"，他们认为金融机构不健全的甄别机制会向资金需求者传递有偏的信息，导致需求者认为自己不能获得贷款而放弃贷款申请。罗斯玛丽（Rosemary，2001）研究表明，当贷款的交易成本大于贷款所获得的效应时，潜在的信贷需求将受到压抑而不会转化为有效信贷需求。布歇等（Boucher et al.，2008）从信贷约束来源主体角度将信贷约束分为需求型信贷约束和供给型信贷约束两种，信贷交易成本较高使借款者自动放弃借款，从而产生需求性信贷约束。高帆（2002）认为农村金融抑制不仅来自资金供给不足，更重要的是来自农户缺乏对农业资金的需求，该文分析农户需求型信贷抑制产生的原因主要是预期收益较低而交易成本较高。王芳（2005）发现，风险规避和面子观念是家庭受到需求型信贷约束的主要原因。王冀宁和赵顺龙（2007）认为农户受到信贷约束是正规金融机构外部性约束、农户自身认知偏差和使用贷款的行为偏差等因素相互影响的结果。

以上理论关注利率对贷款者收益的影响以及信贷供求失衡的原因，那么怎样能缓解供求失衡的现象呢？值得关注的合约条款是抵押、声誉及合约执行问题等（Eaton and Gersovita，1981）。贝斯特（Bester，1985）假设市场上存在两种类型的借款者：高风险者和低风险者，并将利率和抵押品一起引入贷款合约中，指出贷款者可以通过抵押率来识别借款人的类型，从而避免信贷配给。金融机构可以设计出包含抵押品和利率条款的不同合约供借款人选择，这样，高风险者就可以选择高利率、低抵押率的贷款合约来获得贷款，因为他们违约而损失掉其抵押物的概率相对较大，相反，低风险者可以选择低利率、高抵押率的贷款合约，因为他们违约而损失掉其抵押物的概率相对较小。在贝斯特模型中假定所有低风险借款人都能够达到抵押品的要求，而不是所有借款人都能达到此要求，因此，信贷配给仍然存在（Chan and Thakor，1987）。一方面，斯蒂格里兹和温斯（Stiglitz and Weiss，1981）强调如果提高抵押品要求使得只有富裕的家庭能得到贷款，而富裕的家庭可能是风险更大的借款者，则提高抵押要求可能导致负的逆向选择；另一方面，只有在借贷双方都是风险中立型的假定下，通过抵押才能缓解道德风险（巴德汉和尤迪，2002），一旦借款者是风险厌恶的，那么抵押不能有效防止道德风险的发生，因为如果借款者不能得到补偿，则不会愿意承担所有的信贷风险。在发展中国家，大多数家庭一般被认为属于风险厌恶型，他们更倾向于持有隐含保险条款的信贷合约，并且他们中的一部分可能担心贷款合约风险较大而主动放弃信贷，这些人受到了风险配给。因此贫困群体往往由于缺乏抵押物或风险承受能力较差而难以解决因逆向选择、道德风险等因素导致的市场不完善问题。

## （三）信贷约束的测量方法

信贷约束的识别和衡量问题，一直是导致信贷约束实证研究结果存在差异的重要原因（Godquin and Sharma，2004），因此，该问题成为学者们研究和关注的重点和难点问题。为此，本节将回顾已有文献关于信贷约束的衡量方法，并比较和评价其优劣，为本书第六部分对信贷约束的识别和衡量提供参考。

关于信贷约束的衡量方法，迪亚涅等（Diagne et al.，2000）将其分为直接衡量法和间接衡量法两类。彼得里克（Petrick，2004）则分为六类：（1）直接衡量信贷交易成本；（2）基于信贷限制（credit limit）的概念进行衡量；（3）基于问卷调查的定性信息进行衡量；（4）对溢出效应（spill-over effect）进行衡量；（5）用农户家庭计量模型进行衡量；（6）用动态投资决策分析法进行衡量。鉴于本书的研究内容及研究重点考虑，我们将对迪亚涅等（Diagne et al.，2000）的分类方法进行详细介绍，并重点关注直接衡量法。

在迪亚涅等（Diagne et al.，2000）以前，伊克巴尔（Iqbal，1986）、宾斯万格和罗森威奇（Binswanger and Rosenweig，1986）用是否使用过正规贷款对信贷约束进行衡量，其基本思想是根据已发生的借贷行为或观察到的市场结果衡量信贷约束。他们在假定不存在价格配给和所有家庭都面临紧的供给约束的前提下认为，未获得贷款的家庭受到了信贷约束，然而，家庭未获得贷款的原因可能是没有信贷需求或没有正规信贷需求，也可能是受到贷款价格、风险等其他因素的影响，信贷约束与借款行为的关系并非简单的对应关系。科沙尔（Kochar，1997）指出，这种方法夸大了家庭受信贷约束的严重程度，布歇等（Boucher，2002）的研究则说明，仅通过观察已发生的贷款对象和贷款交易数额无法对信贷约束进行衡量。

间接衡量法主要是通过信贷约束产生的后果反推出家庭是否受信贷约束。具体有三种操作方法：（1）检验是否违反生命周期假说或永久收入假说（Life Cycle or Permanent Income Hypothesis，LC/PIH），LC/PIH的基本思想是如果家庭的短期收入变动不影响其消费，则其不受信贷约束，反之，说明家庭受到信贷约束（Zeldes，1989）；（2）对资金的影子价格与信贷成本进行比较（Sial and Carter，1996）；（3）考察信贷可得性的改变是否影响生产活动（Banerjee and Duflo，2002）。在三种方法中，第一种方法的使用最普遍，但迪顿（Deaton，1990）对该方法提出了质疑，首先在不确定状态下，家庭即使没有受到信贷约束，其预防动机或谨慎动机也会导致LC/PIH被违反，在估计中难以区分这两种效应的影响；其次，如果不确定与财富负相关，即使家庭未受信贷约束，其当期收入也与消费增长负相关，并且收入变动对消费的负影响还取决于期初资产总额。因此，信贷约束不是唯一导致家庭违背LC/PHI的原因，以LC/PIH为基础衡量信贷约束的方法不可靠。

直接衡量法是利用调查问卷所获得的直接信息（家庭当前或曾经参与信贷市场的经验信息）对信贷约束进行衡量。菲尔德等（Feder et al.，1990）和杰派利（Jappelli，1990）最早采用这种方法，他们询问了家庭的贷款需求是否被满足、在目前利率下是否愿意获得更多的贷款以及没有借款的愿意。进一步，泽勒（Zeller，1994）将被调查的样本家庭分为以下四种类型：贷款需求完全被满足型、贷款需求未被完全满足型、贷款被拒型和未申请贷款型；巴勒姆等（Barham et al.，1996）则将样本家庭分为三种类型：完全约束型（包括贷款被拒家庭和由于缺乏抵押品、交易成本较高或风险极其厌恶而没有申请贷款的家庭）、部分约束型（获得的贷款小于实际需求）、不受约束型（贷款被完全满足或对贷款无需求）。姆休斯金（Mushinski，1999）强调，未申请贷款的家庭，并不能说明其没有受到信贷约束，还应该询问其为申请贷款的原因，如果原因是家庭认为即使申请了贷款也将被拒或者申请贷款需要支付较高的交易成本，那么此类家庭应被视为受信贷配给型，姆休斯金将这种类型的家庭称为提前配给型（Preemptively Rationed）。以上研究对信贷约束的分类以家庭风险中性为假定前提，在该假定下，没有申请贷款的家庭一部分是缺乏生产投资项目的价格配给型，另一部分是受到数量配给而放弃生产投资项目。布歇（Boucher，2002）认为家庭风险中性的假定与经验不符，在发展中国家假定家庭风险厌恶更符合现实。其基本思想是：给定贷款成本，风险厌恶的家庭更愿意选择能够提供隐形保险或较少可能造成收入波动的信贷合约。在此基础上布歇将信贷配给分为六种类型：（1）价格配给未借贷型：因利率太高而未申请贷款；（2）价格配给型：申请贷款并获得全部申请金额；（3）部分数量配给型：申请贷款但只得到部分申请金额；（4）完全数量配给型：申请贷款被拒或主观判断申请贷款被拒概率很高而未申请；（5）交易成本配给型：因交易成本较高而未申请；（6）风险配给型：因担心失去抵押物而未申请。总之，对信贷约束的度量方法在不断细化，样本的可识别度、可操作性及其分类的完备程度得到了提高。

# 第三章

# 家 庭 资 产 选 择 特 征

　　一国经济金融的发展水平对家庭资产选择行为有重要影响，虽然我国的经济总量排名已上升到世界第二，但与发达国家的金融发展情况相比，仍存在一定的距离，这势必导致家庭资产选择行为和方式的不同。本章我们通过对欧美等发达国家家庭金融数据的分析总结出其家庭资产选择行为演变的规律性特征，并分析我国家庭资产组合的特征及其不同。

　　家庭资产分为金融资产和非金融资产（实物资产）两大类，在本章中我们将从家庭资产选择的金融化、风险化和中介化三方面入手，首先分析家庭资产结构中金融资产和实物资产比重的变化情况，再分析家庭金融资产中风险资产（股票）资产占比以及持有风险资产（股票）的家庭占比，并通过以上分析中了解各国家庭资产选择的变化特征。

## 一、美国家庭资产选择特征

### （一）消费者金融调查数据

　　家庭金融的研究在美国最为成熟，因为美国拥有强大的家庭金融微观数据库支持其研究，其中，消费者金融调查（Survey of Consumer Finance，SCF）是其进行家庭金融研究的主要数据来源。SCF 是由美联储进行的以家庭为单位的消费者金融调查，从 1983 年开始每 3 年调查一次，它包括家庭资产和负债、家庭特征（包括人口统计特征、职业、收入等）等详细的信息。

　　为了保证样本的代表性，SCF 采用两种随机抽样方法确定样本组成：首先采用多阶段区域概率法抽取样本，保证消费者分布的广泛性；其次，从富裕家庭中抽取部分补充样本，由于富裕家庭往往掌握着大量非公司业务和免税债权，这部分样本可以对未赋税收入进行补充说明。如果涉及进入福布斯排行榜中美国富人 400 强的家庭，则会被样本剔除，以避免极端值带来的影响。最近一次的调查是在 2010 年进行的，总样本量为 6492 个，其中区域样本 5012 个，补充样本 1480 个。

## （二）美国家庭资产选择特征

　　表 3 - 1 报告了美国家庭资产组合构成情况。从表 3 - 1 中可以看出美国家庭资产组合呈现如下变化趋势：（1）金融资产在家庭资产组合中的相对重要性逐渐增加，从 1992 年的 31.6% 逐渐提高到 2001 年的42.2%，但在 2001～2007 年有所下降，这主要是因为：在 2001～2004年，美国政府为了促进经济发展，一方面，实施了扩张性的货币政策，多次下调利率；另一方面，为了鼓励家庭买房还实施了减税政策；这一系列的举措都刺激了房地产业的发展，2004 年住宅和其他房产在总资产占比中高达 60% 左右，由此导致了 2001～2004 年美国家庭持有的非金融资产转降为升的情况，而从 2004 年 6 月起，美联储开始连续多次加息，房产价值下降，美国经济面临严峻形势，股市也开始不断下跌，使家庭不得不将其资产更多地投入到自有企业中，这些都导致 2001～2007年美国家庭金融资产投资比例下降，但到 2007～2010 年金融资产比例又开始呈现上升趋势，而且从表 3 - 2 中可以看出美国持有金融资产的家庭占比也在不断上升。因此，总的来说，美国家庭资产选择是日趋金融化的。（2）房产在美国家庭持有的最重要的资产，但重要程度有所下降，住宅和其他房产从 1992 年的 55.5% 一直上升到 2004 年 60.2%，而后呈现出下降趋势，下降到 2007 年的 58.6%。[①]（3）家庭持有金融资产的类型有所变化，储蓄资产的重要性在不断下降，储蓄账户占比从 1992 年的 8% 一直下降到 2010 年的 3.9%，而养老基金和共同基金的重要性在增加，其中在 1992～2010 年养老基金占比从 25.8 提高至 38.1%，共同基金占比从7.6% 提高至 15%。

---

　　①　美国家庭房产占比由表 3 - 1 中住宅和其他房产两项之和计算得出。

表 3-1　　　　　　美国家庭资产组合构成　　　　　　单位：%

| 资产种类 | 1992 | 1995 | 1998 | 2001 | 2004 | 2007 | 2010 |
|---|---|---|---|---|---|---|---|
| **金融资产** | 31.6 | 36.8 | 40.7 | 42.2 | 35.8 | 34.0 | 37.9 |
| 其中： | | | | | | | |
| 交易账户 | 17.4 | 13.9 | 11.4 | 11.4 | 13.1 | 10.9 | 13.3 |
| 储蓄账户 | 8.0 | 5.6 | 4.3 | 3.1 | 3.7 | 4.0 | 3.9 |
| 储蓄性债券 | 1.1 | 1.3 | 0.7 | 0.7 | 0.5 | 0.4 | 0.3 |
| 债券 | 8.4 | 6.3 | 4.3 | 4.5 | 5.3 | 4.1 | 4.4 |
| 股票 | 16.5 | 15.6 | 22.7 | 21.5 | 17.5 | 17.8 | 14.0 |
| 共同基金 | 7.6 | 12.7 | 12.4 | 12.1 | 14.6 | 15.8 | 15.0 |
| 退休账户 | 25.8 | 28.3 | 27.8 | 29.0 | 32.4 | 35.1 | 38.1 |
| 人寿保险折现值 | 5.9 | 7.2 | 6.3 | 5.3 | 2.9 | 3.2 | 2.5 |
| 其他托管资产 | 5.4 | 5.8 | 8.5 | 10.5 | 7.9 | 6.5 | 6.2 |
| 其他金融资产 | 3.8 | 3.3 | 1.7 | 1.9 | 2.1 | 2.1 | 2.3 |
| **非金融资产** | 68.4 | 63.2 | 59.3 | 57.8 | 64.2 | 66.0 | 62.1 |
| 其中： | | | | | | | |
| 车辆 | 5.7 | 7.1 | 6.5 | 5.9 | 5.1 | 4.4 | 5.2 |
| 住宅 | 47.0 | 47.5 | 47.0 | 46.9 | 50.3 | 48.0 | 47.4 |
| 其他房产 | 8.5 | 8.0 | 8.5 | 8.1 | 9.9 | 10.7 | 11.2 |
| 其他非房屋产权 | 11.0 | 7.9 | 7.7 | 8.2 | 7.3 | 5.8 | 6.7 |
| 自有企业 | 26.3 | 27.2 | 28.5 | 29.3 | 25.9 | 29.7 | 28.2 |
| 其他 | 1.6 | 2.3 | 1.7 | 1.6 | 1.5 | 1.3 | 1.3 |
| 合计 | 100 | 100 | 100 | 100 | 100 | 100 | 100 |

资料来源：美国联邦储蓄委员会 2010 年 SCF 数据库，各项资产均按 2010 年价格指数计价。

表 3-2　　　　　　美国持有金融资产的家庭占比　　　　　　单位：%

| 年份 | 1992 | 1995 | 1998 | 2001 | 2004 | 2007 | 2010 |
|---|---|---|---|---|---|---|---|
| 持有金融资产的家庭占比 | 90.3 | 91.2 | 93.1 | 93.4 | 93.8 | 93.9 | 94.0 |

资料来源：美国联邦储蓄委员会 2010 年 SCF 数据库。

以上分析可以看出美国的家庭资产选择都呈现金融化的特征。随着货币流通和信用活动之间的相互渗透，经济金融化趋势逐渐影响到家庭部门，一方面，家庭将消费后的剩余货币转换为金融资产，另一方面，金融资本作为生息的虚拟资本游离于物质再生产之外，不断增值和扩张，这两方面都将导致家庭金融资产总值上升和家庭资产选择的金融化。

家庭不仅要决策其总资产在金融资产和非金融资产之间如何分配，进一步，他们还将决策金融资产中风险性金融资产①的配置比例。目前对家庭资产选择的研究主要关注两个问题：家庭是否投资风险资产及其投资比例。本文参考前人的研究（如 Guiso et al. , 2000），将主要选取股票作为风险资产的代表。

首先，将对美国家庭金融资产风险化情况进行分析，表 3 - 3 报告了美国家庭风险资产的参与率，从表 3 - 3 可以看出，美国参与股市的家庭在逐年增多，美国由 1989 年的 31.9% 持续上升到 2007 年的 53.2%，虽然受 2007 年美国金融危机影响，持有股票的家庭比例有所降低。但总体来说，美国的家庭金融资产选择呈现出风险化的趋势。

表 3 - 3　　　　　　美国直接或间接持有股票的家庭比例　　　　　　单位：%

| 年份 | 1989 | 1995 | 1998 | 2001 | 2004 | 2007 | 2010 |
|---|---|---|---|---|---|---|---|
| 直接或间接持有股票的家庭比例 | 31.9 | 40.5 | 48.9 | 53.0 | 50.3 | 53.2 | 49.9 |

资料来源：美国联邦储蓄委员会 2010 年 SCF 数据库。

表 3 - 4 给出了美国家庭股票投资在金融资产中占比变化情况，在 1989 ~ 2007 年，家庭持有股票在金融资产中的占比从 27.9% 上升到 54%，进一步反映了美国家庭资产选择趋于风险化。

表 3 - 4　　　　　　美国家庭股票资产在金融资产中的比例　　　　　　单位：%

| 年份 | 1989 | 1995 | 1998 | 2001 | 2004 | 2007 | 2010 |
|---|---|---|---|---|---|---|---|
| 美国 | 27.9 | 40.1 | 54.0 | 56.9 | 51.4 | 54.0 | 47.0 |

资料来源：美国联邦储蓄委员会 2010 年 SCF 数据库。

综上所述，只要美国不出现大的经济波动或衰退等非常规经济情况，

① 金融资产分为风险性金融资产和非风险性金融资产，非风险性金融资产包括现金、支票、货币市场基金、银行储蓄及储蓄性债券等，非风险性金融资产包括上述非金融资产以外的资产。

其家庭资产组合呈现出风险化的趋势。

　　由于在后面的章节中我们将重点研究家庭资产选择行为中家庭股市参与行为，而且鉴于美国数据的可得性及其对中国的借鉴意义，接下来，将对美国持有股票家庭的特征（收入、年龄和职业等）进行分析。表3-5揭示了1992~2010年美国持有股票家庭的特征，从表中可以看出，收入越高的家庭越有可能投资股票；户主年龄与股市参与率的关系是先升后降，在55~64岁之间达到最大，呈"驼峰"效应；就家庭结构来看，已婚家庭比未婚家庭参与股市的概率要大，而没有孩子的家庭比有孩子的家庭更愿意参加股市投资；随着户主受教育程度的提高，家庭越有可能持有股票；就工作状况而言，自己创业的户主家庭最有可能参与股市投资，然后是公司职员、退休人员，没有工作的户主家庭愿意持有股票的概率最小；就所属职业来看，经理或专家持有股票的概率最大；城市家庭比农村家庭更愿意持有股票；拥有房产的家庭持有股票的概率比租房（或其他）的要大；家庭股市参与率与其净资产成正比，净资产越多的家庭越愿意持有股票。总的来说，家庭股市参与率与户主收入、学历、有工作、有房产、家庭净资产正相关，与年龄呈"驼峰"效应，而且已婚没有孩子的家庭比其他类型的家庭更有可能参与股市投资。

表3-5　　　　　　　　　　美国持有股票家庭的特征

| 家庭特征 | 参与股市的家庭比例（只包括直接持有） | | | | | | |
|---|---|---|---|---|---|---|---|
| | 1992 | 1995 | 1998 | 2001 | 2004 | 2007 | 2010 |
| 所有家庭 | 17.0 | 15.2 | 19.2 | 21.3 | 20.7 | 17.9 | 15.1 |
| **收入百分位数** | | | | | | | |
| 少于20 | 4.1 | 2.8 | 3.7 | 3.8 | 5.1 | 5.5 | 3.8 |
| 20~39.9 | 7.9 | 9.4 | 9.7 | 11.2 | 8.2 | 7.8 | 6.0 |
| 40~59.9 | 13.4 | 11.7 | 17.9 | 16.4 | 16.4 | 14.0 | 11.7 |
| 60~79.9 | 21.4 | 18.0 | 21.5 | 26.2 | 28.1 | 23.2 | 17.3 |
| 80~89.9 | 27.5 | 27.7 | 32.7 | 37.0 | 35.9 | 30.5 | 25.7 |
| 90~100 | 48.7 | 40.9 | 53.6 | 60.6 | 55.0 | 47.5 | 47.8 |
| **户主年龄（岁）** | | | | | | | |
| 小于35 | 10.8 | 10.8 | 13.1 | 17.4 | 13.3 | 13.7 | 10.1 |
| 35~44 | 19.4 | 14.6 | 18.9 | 21.6 | 18.5 | 17.0 | 12.1 |

续表

| 家庭特征 | 参与股市的家庭比例（只包括直接持有） | | | | | | |
|---|---|---|---|---|---|---|---|
| | 1992 | 1995 | 1998 | 2001 | 2004 | 2007 | 2010 |
| **户主年龄（岁）** | | | | | | | |
| 45～54 | 18.7 | 17.7 | 22.6 | 22.0 | 23.2 | 18.6 | 16.0 |
| 55～64 | 22.0 | 15.0 | 25.0 | 26.7 | 29.1 | 21.3 | 19.5 |
| 65～74 | 16.2 | 18.6 | 21.1 | 20.5 | 25.4 | 19.1 | 16.1 |
| 75 or more | 19.4 | 19.7 | 18.0 | 21.8 | 18.4 | 20.2 | 20.1 |
| **家庭结构** | | | | | | | |
| 单身有孩子 | 8.1 | 7.4 | 8.5 | 6.8 | 7.7 | 7.1 | 6.9 |
| 单身没有孩子且不满55岁 | 12.1 | 11.1 | 14.3 | 15.3 | 14.6 | 18.0 | 10.7 |
| 单身没有孩子且已满55岁 | 15.3 | 14.2 | 15.7 | 17.1 | 18.2 | 13.5 | 11.9 |
| 已婚且有小孩 | 19.9 | 15.5 | 22.9 | 24.8 | 23.6 | 18.9 | 17.0 |
| 已婚但没有小孩 | 21.6 | 21.4 | 24.2 | 28.3 | 27.9 | 24.1 | 20.9 |
| **户主受教育程度** | | | | | | | |
| 高中以下 | 4.5 | 4.5 | 5.0 | 5.6 | 4.7 | 3.9 | 2.2 |
| 高中 | 11.1 | 10.7 | 12.9 | 13.0 | 12.4 | 9.3 | 8.1 |
| 技术学院 | 19.2 | 13.4 | 20.6 | 20.0 | 17.7 | 17.4 | 11.3 |
| 大学本科以上 | 29.4 | 27.5 | 31.4 | 37.1 | 35.3 | 31.5 | 27.2 |
| **户主工作状况** | | | | | | | |
| 公司职员 | 18.3 | 15.3 | 19.5 | 20.9 | 19.6 | 17.8 | 13.8 |
| 自己创业 | 25.7 | 18.7 | 26.5 | 29.8 | 31.6 | 24.3 | 24.5 |
| 退休 | 14.5 | 16.6 | 17.2 | 19.6 | 19.0 | 16.4 | 15.4 |
| 无工作 | 4.5 | 3.9 | 8.3 | 13.4 | 14.3 | 12.8 | 9.5 |
| **户主职业** | | | | | | | |
| 经理或专家 | 30.1 | 26.0 | 29.8 | 33.1 | 32.9 | 28.7 | 24.3 |
| 技术员、销售员或服务人员 | 16.1 | 13.4 | 18.7 | 18.7 | 15.6 | 14.9 | 10.8 |
| 其他职业 | 12.1 | 10.0 | 13.5 | 12.8 | 13.0 | 9.9 | 8.3 |
| 退休或无工作 | 12.1 | 14.0 | 15.7 | 18.6 | 18.2 | 15.8 | 14.1 |

续表

| 家庭特征 | 参与股市的家庭比例（只包括直接持有） | | | | | | |
|---|---|---|---|---|---|---|---|
| | 1992 | 1995 | 1998 | 2001 | 2004 | 2007 | 2010 |
| **所在地区** | | | | | | | |
| 城市 | 18.3 | 16.2 | 20.2 | 22.3 | 22.6 | 19.4 | 16.6 |
| 农村 | 11.2 | 9.9 | 13.3 | 15.3 | 11.0 | 10.9 | 7.9 |
| **房产状况** | | | | | | | |
| 拥有房屋 | 22.4 | 19.2 | 24.9 | 27.0 | 25.8 | 22.4 | 19.6 |
| 租房或其他 | 7.4 | 7.9 | 8.0 | 9.3 | 9.1 | 8.1 | 6.0 |
| **净资产百分位数** | | | | | | | |
| 少于 25 | 2.3 | 2.8 | 3.2 | 5.0 | 3.7 | 4.3 | 2.9 |
| 25 ~ 49.9 | 8.4 | 8.7 | 9.3 | 9.5 | 9.3 | 10.2 | 5.6 |
| 50 ~ 74.9 | 17.2 | 13.6 | 18.9 | 20.3 | 20.8 | 17.2 | 14.0 |
| 75 ~ 89.9 | 30.9 | 29.2 | 36.4 | 41.1 | 39.4 | 31.7 | 26.8 |
| 90 ~ 100 | 53.5 | 45.6 | 58.7 | 64.0 | 62.4 | 52.4 | 54.9 |

资料来源：美国联邦储蓄委员会 2010 年 SCF 数据库。

投资者可以通过直接持有和间接持有两种投资方式来持有风险资产（股票），间接持有指投资者并不将其资金直接投资于股票，而是投资共同基金、养老基金或其他金融理财产品，这些理财产品又将其一部分资金投资于股票市场，从而使投资者间接投资了股票。

从 SCF 数据库中获得的数据，能够通过观察美国直接持股和间接持股家庭占比的变化。一方面，从表 3 – 6 美国家庭持股方式中可以看出，在 1989 ~ 2001 年，美国直接持股的家庭比例有所增加，从 16.8% 增加到 21.3%，平均每年以 0.35% 的速度增加，但增加的速度和幅度都低于间接持股的家庭比例，从 15.0% 增加到 31.7%，平均每年以 1.28% 的速度增加，在 2001 ~ 2010 年，直接持股家庭占比呈现出下降趋势，从 21.3% 减少到 15.1%，而间接持股家庭占比依然保持上升趋势，从 31.7% 上升到 34.8%。另一方面，从表 3 – 7 美国家庭间接持股和直接持股价值的中位数对比中也可以看出，家庭直接持股价值增长较缓慢，在 1989 ~ 2010 年仅增长了 7.4%，而家庭间接持股价值增长较快，在 1989 ~ 2010 年增长了 17.3%，说明美国家庭股票投资方式的中介化趋势。

表 3 - 6　　　　　　美国家庭持有股票的方式（按家庭比例）　　　　单位：%

| 类型 | 1989 | 1992 | 1995 | 1998 | 2001 | 2004 | 2007 | 2010 |
|---|---|---|---|---|---|---|---|---|
| 直接持有股票家庭占比 | 16.8 | 17.0 | 15.2 | 19.2 | 21.3 | 20.7 | 17.9 | 15.1 |
| 间接持有股票家庭占比 | 15.0 | 19.9 | 25.3 | 27.7 | 31.7 | 29.6 | 35.3 | 34.8 |
| 家庭持有股票总占比 | 31.8 | 36.9 | 40.5 | 48.9 | 53.0 | 50.3 | 53.2 | 49.9 |

资料来源：美国联邦储蓄委员会 2010 年 SCF 数据库。

表 3 - 7　　　　美国家庭间接持股和直接持股价值的中位数对比　　　单位：千美元

| 类型 | 1989 | 1992 | 1995 | 1998 | 2001 | 2004 | 2007 | 2010 |
|---|---|---|---|---|---|---|---|---|
| 家庭直接持有股票的价值 | 12.6 | 12.1 | 12.7 | 23.3 | 24.5 | 17.3 | 17.8 | 20.0 |
| 家庭间接持有股票的价值 | 1.7 | 3.8 | 7.8 | 10.0 | 18.4 | 20.4 | 17.7 | 19.0 |
| 家庭持有股票总价值 | 14.3 | 15.9 | 20.5 | 33.3 | 42.9 | 37.7 | 35.5 | 39.0 |

资料来源：美国联邦储蓄委员会 2010 年 SCF 数据库，各项资产均按 2010 年计价。

　　图 3 - 1 为家庭通过金融中介进行投资的范式，家庭投资方式之所以逐渐趋于中介化，原因可归结为以下几点：首先，金融中介能够降低投资的交易成本和信息不对称（Chordia，1996），尽管家庭进行分散投资是有利的，但需要投资者承担较高的交易成本，而金融中介能以较低成本进行分散化投资，并且其具有信息优势。其次，金融中介可以降低参与成本①（Allen and Santomero，1998）。家庭如果直接参与投资，那么他需要搜集相关金融产品信息，并对其投资品进行经常性的监控，这些不但要花费金钱成本，还需要付出时间成本。而金融中介是风险投资和管理专家，他们将辅助家庭参与日益复杂的金融交易。

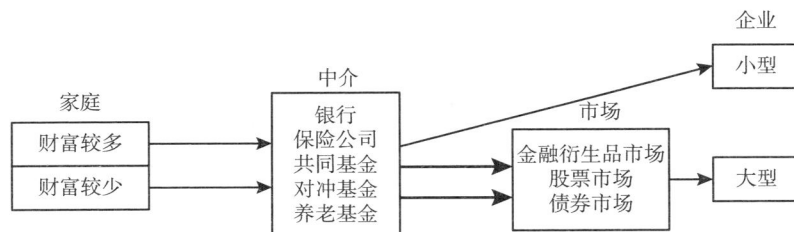

图 3 - 1　家庭通过金融中介的投资范式

---

①　参与成本是指投资者为了实现价值增长而进行学习、自我管理风险、搜集信息和实施监管所产生的成本。

事实上，近 30 年来，美国参与共同基金投资的家庭显著增长。1980 年，美国仅有 6% 的家庭投资共同基金，自 1990 年以后，家庭成为共同基金的主要投资者，共同基金在家庭金融资产中的比例不断增加，至 2008 年已有 45% 的家庭持有共同基金。随着美国家庭对共同基金等中介机构依赖程度的加大，家庭对股票和债券的直接投资需求降低，从 2004～2008 年，美国家庭共购买了 2.4 万亿美元的共同基金，同时卖出其直接持有的 2.5 万亿美元的股票和债券。另外，美国养老基金计划逐渐受到家庭的青睐，截至 2008 年底，美国家庭持有的 401（k）计划和其他固定缴费计划在金融资产中的比例已达 9%，而 1990 年时该比例仅为 3%，401（k）计划和其他固定缴费计划中有 44% 的资金由共同基金管理。美国共同基金市场和养老基金市场的共同发展的局面成为家庭风险资产参与中介化的重要原因，美国共同基金和养老基金在家庭风险资产中的占比从 1992 年的 33.4% 增长到 2007 年的 50.5%（付强，2009）。

## 二、欧洲家庭资产选择特征

### （一）欧洲家庭金融与消费调查数据

欧洲家庭金融与消费调查数据（The Eurosystem Household Finance and Consumption Survey，HFCS）是欧洲第一份家庭金融数据，该数据提供了家庭资产负债表的各个方面的数据和相关经济变量，包括收入、私人养老金、就业和消费。该数据来自超过 15 个欧元区成员国的 62000 个家庭，调查主要集中于家庭财富及其相关因素，例如家庭负债、资产状况、社会信誉、失业等，这些家庭层面上的资产负债表数据，可以提供洞察许多相关领域的思路。

### （二）欧洲家庭金融资产选择特征

首先，对欧洲家庭各金融资产参与率和家庭的特征（收入、年龄和职业等）进行分析。表 3－8 揭示了 2010 年欧洲各金融资产参与率，从表中可以看出，欧洲家庭参与金融资产投资的比例为 96.8%，其中，股市直接参与率为 10.1%，说明绝大多数欧洲家庭都参与了金融投资。从参与金融资产投资的家庭特征变量可以看出，拥有住房的家庭比租房（或其他）的家庭的股市参与率高，收入越高的家庭越有可能投资股票，净财富越多的家庭股市参与率越高，户主年龄与股市参与率的关系是先升后降，在 55～64 岁之间达到最大，呈 "驼峰" 效应，就工作状况而言，自己创业的户主家庭最有可能参与股市投资，没有工作的户主家庭愿意持有股票的概率最小，随着户主受教育程度的提高，家庭越有可能持有股票，这些特征与美国参与股票投资的家庭特征具有一致性。

表 3-8　　　　　　　　2010 年欧洲家庭金融资产参与率　　　　　单位：%

| 家庭特征 | 金融资产 | | | | | | | |
|---|---|---|---|---|---|---|---|---|
| | 金融资产 | 储蓄 | 共同基金 | 债券 | 股票 | 商业资产 | 养老金/保险 | 其他金融资产 |
| 欧洲家庭 | 96.8 | 96.4 | 11.4 | 5.3 | 10.1 | 7.6 | 33.0 | 6.0 |
| **家庭规模(人)** | | | | | | | | |
| 1 | 96.2 | 95.8 | 10.2 | 4.2 | 7.8 | 9.4 | 25.0 | 5.6 |
| 2 | 97.5 | 97.1 | 12.5 | 6.8 | 11.8 | 7.7 | 33.4 | 7.3 |
| 3 | 97.0 | 96.6 | 11.5 | 5.0 | 9.6 | 6.3 | 36.5 | 4.9 |
| 4 | 97.2 | 96.6 | 12.5 | 5.1 | 11.9 | 5.6 | 43.9 | 5.9 |
| 5 以及更多 | 95.3 | 94.9 | 7.7 | 3.8 | 9.7 | 6.5 | 39.1 | 4.9 |
| **房产** | | | | | | | | |
| 自有住房 | 96.6 | 96.3 | 11.9 | 8.9 | 12.4 | 5.1 | 28.9 | 6.3 |
| 抵押贷款房 | 98.7 | 98.1 | 16.2 | 3.7 | 13.6 | 7.8 | 47.8 | 7.4 |
| 租房或其他 | 96.2 | 95.7 | 8.5 | 2.4 | 6.0 | 10.1 | 30.1 | 5.2 |
| **收入百分比** | | | | | | | | |
| 小于 20 | 90.5 | 89.9 | 3.4 | 1.5 | 2.2 | 6.7 | 13.2 | 2.7 |
| 20～39 | 96.8 | 96.5 | 4.6 | 3.0 | 4.2 | 6.5 | 20.4 | 2.6 |
| 40～59 | 98.5 | 98.2 | 8.9 | 4.6 | 7.2 | 8.3 | 31.1 | 5.4 |
| 60～79 | 99.0 | 98.6 | 13.2 | 6.2 | 12.3 | 7.4 | 41.9 | 7.3 |
| 80～100 | 99.4 | 99.0 | 26.5 | 11.1 | 24.4 | 9.2 | 58.3 | 12.2 |

续表

| 家庭特征 | 金融资产 | | | | | | | |
|---|---|---|---|---|---|---|---|---|
| | 金融资产 | 储蓄 | 共同基金 | 债券 | 股票 | 商业资产 | 养老金/保险 | 其他金融资产 |
| **净财富百分比** | | | | | | | | |
| 小于20 | 93.2 | 92.5 | 2.0 | 0.2 | 1.2 | 7.8 | 15.9 | 1.7 |
| 20～39 | 96.7 | 96.3 | 8.1 | 1.7 | 5.0 | 10.2 | 32.7 | 4.6 |
| 40～59 | 96.4 | 96.1 | 10.4 | 3.9 | 8.0 | 5.9 | 31.5 | 4.7 |
| 60～79 | 98.4 | 98.1 | 12.4 | 6.6 | 11.0 | 5.7 | 35.8 | 5.4 |
| 80～100 | 99.5 | 99.1 | 23.8 | 14.0 | 25.2 | 8.6 | 49.1 | 13.8 |
| **户主年龄(岁)** | | | | | | | | |
| 16～34 | 97.4 | 97.1 | 9.7 | 1.7 | 6.7 | 10.3 | 33.7 | 4.8 |
| 35～44 | 97.5 | 97.0 | 12.9 | 3.4 | 10.1 | 9.0 | 41.1 | 6.3 |
| 45～54 | 97.0 | 96.7 | 13.0 | 5.0 | 11.2 | 8.0 | 43.7 | 5.4 |
| 55～64 | 97.2 | 96.4 | 13.1 | 7.6 | 13.3 | 7.5 | 37.7 | 7.4 |
| 65～74 | 96.4 | 96.1 | 10.9 | 8.1 | 10.4 | 5.8 | 19.4 | 7.3 |
| 75 + | 95.0 | 94.7 | 6.9 | 6.6 | 7.6 | 4.2 | 12.8 | 4.9 |
| **工作状态** | | | | | | | | |
| 雇佣者 | 97.9 | 97.6 | 13.3 | 4.2 | 11.4 | 7.9 | 42.3 | 5.7 |
| 自主创业 | 96.9 | 96.6 | 12.7 | 7.9 | 12.5 | 12.6 | 44.7 | 10.4 |
| 退休 | 95.9 | 95.6 | 9.4 | 7.5 | 9.3 | 5.5 | 19.0 | 6.4 |
| 无工作 | 94.9 | 94.1 | 6.8 | 1.5 | 3.8 | 8.6 | 21.9 | 3.0 |
| **受教育情况** | | | | | | | | |
| 受过初等教育或没受过教育 | 93.6 | 93.1 | 4.0 | 4.0 | 4.2 | 4.5 | 19.0 | 2.4 |
| 受过中等教育 | 98.2 | 97.9 | 10.8 | 5.2 | 9.2 | 8.9 | 36.4 | 6.1 |
| 受过高等教育 | 99.0 | 98.7 | 22.6 | 7.2 | 19.6 | 9.9 | 46.8 | 11.1 |

资料来源：2013 年 HFCS 数据库。

接下来，对欧洲家庭各金融资产在总资产中的占比进行分析。表3-9揭示了2010年欧洲家庭各金融资产在金融总资产的占比，从中可以看出，储蓄在金融资产中的占比最大，为44.6%，养老金（或保险）第二，占比为 26.3%，共同基金第三，占比为 8.7%，股票资产第四，占比为 7.9%，随后是债券、商业资产以及其他金融资产（包括金融衍生品、票据等）。家庭用于投资共同基金和养老金账户的资金在金融资产中占 35%，而直接投资于股票的资金仅占 7.9%，说明与美国一样，欧洲家庭也主要以间接持股为主，其股票投资方式也趋于中介化。

关于欧洲家庭的股市参与深度，从家庭特征变量可以看出，拥有住房的家庭比租房（或其他）的家庭的股票投资占比高，收入越高的家庭其股市参与深度越大，净财富越多的家庭股票投资额越大，户主年龄与股市参与率的关系呈现非线性，就工作状况而言，户主退休的家庭股票投资比例最高，自己创业的户主家庭次之，没有工作的户主家庭股市参与深度最小，随着户主受教育程度的提高，家庭投资的股票在金融资产中的占比越高。

表 3 - 9　　　　2010 年欧洲家庭各金融资产在金融总资产的占比　　　单位：%

| 家庭特征 | 金融资产 | | | | | | | |
| --- | --- | --- | --- | --- | --- | --- | --- | --- |
| | 金融资产 | 储蓄 | 共同基金 | 债券 | 股票 | 商业资产 | 养老金/保险 | 其他金融资产 |
| 欧洲家庭 | 100.0 | 42.9 | 8.7 | 6.6 | 7.9 | 2.2 | 26.3 | 5.3 |
| **家庭规模（人）** | | | | | | | | |
| 1 | 100.0 | 44.6 | 10.2 | 7.8 | 6.4 | 2.1 | 25.4 | 3.6 |
| 2 | 100.0 | 41.2 | 9.4 | 6.5 | 9.1 | 2.2 | 25.0 | 6.5 |
| 3 | 100.0 | 44.9 | 7.7 | 6.4 | 8.2 | 2.3 | 26.8 | 3.6 |
| 4 | 100.0 | 44.6 | 6.4 | 5.4 | 6.6 | 2.4 | 29.2 | 5.3 |
| 5 更多 | 100.0 | 39.1 | 5.4 | 4.6 | 8.7 | 2.4 | 31.5 | 8.3 |
| **房产** | | | | | | | | |
| 自有住房 | 100.0 | 43.5 | 8.7 | 8.6 | 9.1 | 1.7 | 22.4 | 6.0 |
| 抵押贷款房 | 100.0 | 40.3 | 7.8 | 2.7 | 6.4 | 2.9 | 35.9 | 4.0 |
| 租房或其他 | 100.0 | 43.8 | 9.7 | 4.6 | 6.3 | 3.1 | 27.8 | 4.7 |
| **收入百分比** | | | | | | | | |
| 小于 20 | 100.0 | 57.2 | 8.5 | 6.2 | 3.7 | 3.9 | 18.5 | 2.0 |
| 20 ~ 39 | 100.0 | 58.9 | 5.6 | 6.0 | 3.7 | 3.2 | 19.4 | 3.2 |
| 40 ~ 59 | 100.0 | 53.7 | 7.8 | 6.4 | 4.3 | 2.8 | 22.7 | 2.3 |

续表

| 家庭特征 | 金融资产 | | | | | | | |
|---|---|---|---|---|---|---|---|---|
| | 金融资产 | 储蓄 | 共同基金 | 债券 | 股票 | 商业资产 | 养老金/保险 | 其他金融资产 |
| 60～79 | 100.0 | 48.5 | 6.8 | 5.6 | 5.9 | 2.1 | 27.3 | 3.9 |
| 80～100 | 100.0 | 34.5 | 10.1 | 7.1 | 10.6 | 1.9 | 28.6 | 7.2 |
| **净财富百分比** | | | | | | | | |
| 小于20 | 100.0 | 65.7 | 1.8 | N | 1.2 | 4.4 | 26.1 | 0.6 |
| 20～39 | 100.0 | 62.3 | 5.4 | 1.4 | 1.7 | 3.9 | 23.9 | 1.3 |
| 40～59 | 100.0 | 55.4 | 5.5 | 2.5 | 2.9 | 1.9 | 30.1 | 1.7 |
| 60～79 | 100.0 | 53.5 | 6.7 | 4.0 | 4.1 | 1.8 | 28.2 | 1.7 |
| 80～100 | 100.0 | 35.4 | 10.4 | 8.6 | 10.6 | 2.2 | 25.4 | 7.4 |
| **户主年龄（岁）** | | | | | | | | |
| 16～34 | 100.0 | 56.6 | 5.1 | 1.1 | 4.6 | 1.7 | 26.3 | 4.3 |
| 35～44 | 100.0 | 43.3 | 6.8 | 3.5 | 7.0 | 2.9 | 30.0 | 6.4 |
| 45～54 | 100.0 | 40.4 | 8.8 | 3.9 | 6.7 | 2.8 | 32.7 | 4.7 |
| 55～64 | 100.0 | 39.0 | 9.9 | 7.1 | 7.7 | 2.0 | 27.9 | 6.3 |
| 65～74 | 100.0 | 44.0 | 10.7 | 10.0 | 10.4 | 2.2 | 18.3 | 4.4 |
| 75 + | 100.0 | 46.0 | 7.6 | 10.6 | 9.4 | 1.3 | 20.2 | 4.8 |
| **工作状态** | | | | | | | | |
| 雇佣者 | 100.0 | 44.4 | 8.2 | 3.8 | 7.1 | 1.7 | 30.3 | 4.4 |
| 自主创业 | 100.0 | 34.0 | 8.3 | 6.6 | 8.8 | 3.8 | 27.4 | 11.2 |
| 退休 | 100.0 | 45.2 | 9.4 | 9.8 | 9.0 | 2.0 | 20.5 | 4.2 |
| 无工作 | 100.0 | 46.4 | 11.0 | 4.3 | 4.9 | 3.5 | 27.6 | 2.4 |
| **受教育情况** | | | | | | | | |
| 受过初等教育或没受过教育 | 100.0 | 51.3 | 5.1 | 7.1 | 4.7 | 2.5 | 26.1 | 3.1 |
| 受过中等教育 | 100.0 | 45.6 | 7.1 | 6.3 | 6.6 | 2.0 | 27.9 | 4.5 |
| 受过高等教育 | 100.0 | 37.7 | 11.4 | 6.5 | 10.1 | 2.3 | 25.2 | 6.7 |

资料来源：2013 年 HFCS 数据库。

进一步，本部分将分析 2010 年欧洲各国家庭股市参与率和参与深度。表 3 - 10 为 2010 年欧洲各国家庭直接或间接股市参与率，从表中可以看出，比利时、法国、德国和荷兰的直接和间接股市参与率都较高，分别高于 10% 和 60%；希腊、葡萄牙和意大利的直接和间接股市参与率都较低，分别低于 5% 和 30%。并且，欧洲各国的家庭间接股市参与率远远高于直接股市参与率，进一步说明家庭风险资产投资方式趋于中介化。

表 3 - 10　　　　　**2010 年欧洲各国家庭直接或间接股市参与率**　　　　单位：%

| 类型 | 德国 | 法国 | 西班牙 | 意大利 | 比利时 | 希腊 | 葡萄牙 | 荷兰 | 奥地利 | 卢森堡 |
|---|---|---|---|---|---|---|---|---|---|---|
| 直接股市参与率 | 10.6 | 14.7 | 10.4 | 4.6 | 14.7 | 2.7 | 4.4 | 10.4 | 5.3 | 10.0 |
| 间接股市参与率 | 63.4 | 48.2 | 29.2 | 24.3 | 60.9 | 5.0 | 16.9 | 67.5 | 27.7 | 53.3 |
| 总股市参与率 | 74.0 | 62.9 | 39.6 | 28.9 | 75.6 | 7.7 | 21.3 | 77.9 | 33 | 63.3 |

注：由于数据没有区分共同基金和养老基金是间接投资股票资产还是其他金融资产，因此表中数据高估了这些国家家庭间接股市参与率的真实值。

资料来源：2013 年 HFCS 数据库。

表 3 - 11 为 2010 年欧洲各国家庭持有股票在金融资产中的占比，其中，法国、比利时和西班牙的股票资产占比较高，高于 9%；而奥地利、希腊和荷兰的股票资产占比较低，低于 4%。

表 3 - 11　　　　**2010 年欧洲各国家庭持有股票在金融资产中的占比**　　　单位：%

| 类型 | 德国 | 法国 | 西班牙 | 意大利 | 比利时 | 希腊 | 葡萄牙 | 荷兰 | 奥地利 | 卢森堡 |
|---|---|---|---|---|---|---|---|---|---|---|
| 持有股票在金融资产中占比 | 6.5 | 11.6 | 9.1 | 4.5 | 10.4 | 3.5 | 6.7 | 3.5 | 3.1 | 7.2 |

资料来源：2013 年 HFCS 数据库。

以上对 2010 年 HFCS 数据的分析表明，与美国一样，欧洲家庭资产选择也呈现出金融化、风险化和中介化的特征。

# 三、中国家庭资产选择特征

## （一）中国家庭金融调查数据

在分析我国资产组合特征之前，先对所使用调查数据进行说明，本文以下各章节使用的数据如不作特别说明，均来自西南财经大学家庭金融调查研究中心 2011 年在全国范围内调查所获得的中国家庭金融调查数据（China Household Finance Survey，CHFS）。家庭金融的研究已成为金融学中继资产定价、公司金融后的有一个重要研究领域（Campball，2006），家庭金融最核心的研究问题是家庭如何在不确定条件下通过资产选择实现其财富目标，目前由于家庭金融微观数据的缺乏而对各国家庭金融资产选择行为的实证研究较少，CHFS 是我国首个在全国范围内以家庭为单位进行调查而建立的大型微观数据库。调查方法、样本选取和数据质量对实证研究结果的真实性、客观性和有效性有极其重要的影响。因此，我们将对该数据的调查方法、样本选取和数据的质量及特征进行简单介绍。

关于调查方法和样本选取，CHFS 采取分层、三阶段与人口规模成比例（PPS）的抽样调查方法。初级抽样单元（PSU）包括全国 25 个省市自治区（除西藏、新疆和港澳台地区以外）的 2585 个市/县。第二阶段抽样将直接从市/县中抽取居委会/村委会，第三阶段将从社区（居委会/村委会）抽取中家庭住户。每个阶段都采用 PPS 抽样方法，其权重为该抽样社区单位的家庭户数。在 2011 年 CHFS 首次调查计划选取 8000 ~ 8500 个样本，从而，根据调查的可操作性角度出发，各阶段采取如下方式选取样本：①根据城乡地区经济发展水平，末端抽样家庭户数（即每个社区的家庭户数）设定在 20 ~ 50 户之间，平均约为 25 户；②在每个市/县中抽取 4 个社区；③计算得出抽取的市/县数为 8000/（4 × 25）= 80。表 3 - 12 将 CHFS 抽取的样本与总体的人均 GDP 进行了统计性描述，从表 3 - 12 中可也看出，样本与总体的人均 GDP 的均值分别为 17809 和 17335，差距在 2.7% 的左右，中位数分别为 20263，差距在 1.8% 左右，均值和中位数非常非常接近，其他指标也比较一致，这从一定程度上说明 CHFS 所选取的样本有较好代表性。

表 3 – 12　　　　　　　CHFS 样本与总体人均 GDP 分布

| 人均 GDP | 均值 | 标准差 | 中位数 | Q25 | Q75 | 峰值 | 偏度 |
|---|---|---|---|---|---|---|---|
| 样本 | 17809 | 19336 | 11349 | 7232 | 21143 | 3.5 | 20.4 |
| 总体 | 17335 | 17737 | 11370 | 7173 | 20263 | 3.2 | 17.6 |

注：Q25 和 Q75 分别表示 25% 和 75% 的分位数。

资料来源：甘犁等：《中国家庭金融调查报告》，西南财经大学出版社 2012 年版。

　　关于数据的具体获取过程，为了保证获取数据的质量，中国家庭金融研究中心在西南财经大学内招募经济金融学专业的调研员，包括本科生、研究生和博士生，并在调研前对他们进行培训，培训内容包括由问卷设计者详细讲解调查问卷的内容、回答类别、记录方式及注意事项，由绘图教师讲解如何绘制社区图、确认调查对象等内容，由此明确对他们的工作要求。另外，将 5~8 位调研员分成一组，并在每组中选取一名组长负责小组工作的开展，在调查过程中，中心教师会对调研员访问情况进行抽样检查。另外，在面访后，如果对调查获得的信息有疑问则会进行电话访问对信息进一步确认，由此降低调查数据在调查过程中产生的误差。

　　表 3 – 13 报告 CHFS 与国家统计局关于人口比例、家庭规模、人均收入、男性比例和平均年龄等反映人口结构特征的数据，从表 3 – 13 可以看出，CHFS 数据的人口统计特征与国家统计局公布的数据非常一致，这进一步说明了 CHFS 数据具有良好的质量，其样本选取具有全国代表性。就人口比例来说，CHFS 按地区计算的城市人口比例与国家统计局公布的数据分别为 51.4% 和 51.3%，两者相差无几；就家庭规模来说，CHFS 城市和农村家庭平均规模分别为 3.0 和 3.8，国家统计局公布的城市和农村家庭平均规模分别为 2.9 和 4.0，无论是城市还是农村，两者都非常接近，同时对城市和农村家庭人均收入的比较，CHFS 分别比国家统计局高出 1.7% 和 2.4%，差距也非常小；就平均年龄的比较，CHFS 是 38.1，国家统计局是 36.9，也具有相对一致性；就男性占比而言，CHFS 和国家统计局的指标分别为 50.7% 和 51.4%，两者也非常接近。

表 3 - 13　　　　　　　　　CHFS 与国家统计局人口结构比较

| 指标 | | CHFS | 国家统计局 |
|---|---|---|---|
| 人口比例 | 城市 | 51.4%（按地区计算）36.9%（按户口计算） | 51.3% |
| | 农村 | 48.6%（按地区计算）63.1%（按户口计算） | 48.7% |
| 家庭规模 | 城市 | 3.0 | 2.9 |
| | 农村 | 3.8 | 4.0 |
| 人均收入 | 城市 | 22196 元 | 21819 元 |
| | 农村 | 7045 元 | 6877 元 |
| 男性比例 | | 50.7% | 51.4% |
| 平均年龄 | | 38.1 | 36.9 |

　　资料来源：甘犁等：《中国家庭金融调查报告》，西南财经大学出版社 2012 年版。

　　CHFS 对全国 25 个省、80 个县、320 个社区共 8438 个家庭进行了访问，其调查问卷分为四大部分：人口统计学特征、资产与负债、保险与保障以及支出与收入，收集了我国家庭关于住房资产和金融财富、负债和信贷约束、收入与消费、社会保障和保险、代际的转移支付、人口特征和就业情况以及支付习惯等方面的信息。

## （二）中国家庭资产选择特征

### 1. 家庭资产总量及分布

　　（1）家庭总资产。根据中国家庭金融调查数据（CHFS），家庭资产主要包括非金融资产和金融资产两大部分。家庭非金融资产也称实物资产，是家庭拥有的具有实物形态的资产，包括农业、工商业等生产经营资产、房产与土地资产、车辆以及家庭耐用品等资产。家庭金融资产是家庭持有的以信用关系为特征、资金流通为内容的负债和所有权资产，包括活期存款、定期存款、股票、债券、基金、衍生品、金融理财产品、非人民币资产、黄金、借出款等资产。

　　从表 3 - 14 和图 3 - 2 可知，中国家庭总资产均值为 1216919 元，中位数为 202500 元。分城乡来看，城市家庭总资产均值为 2476008 元，中位数为 405100 元；农村家庭总资产均值为 358477 元，中位数为 138050

元。均值和中位数之间的差异表明了中国家庭资产分布的不均。

表 3-14　　　　　　　　　　　家庭总资产　　　　　　　　　　单位：元

|  | 户数 | 均值 | 中位数 |
| --- | --- | --- | --- |
| 农村 | 4441 | 358477 | 138050 |
| 城市 | 3997 | 2476008 | 405100 |
| 合计 | 8438 | 1216919 | 202500 |

资料来源：2011 年中国家庭金融调查数据（CHFS）。

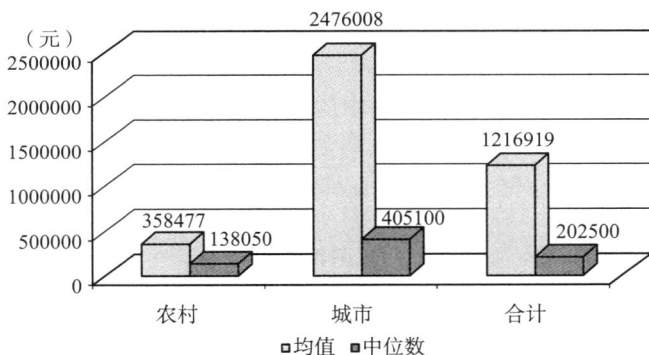

图 3-2　家庭总资产

资料来源：2011 年中国家庭金融调查数据（CHFS）。

从表 3-15 家庭总资产分布情况来看，资产 5 万元以下的家庭占 19.23%；5 万元以上 20 万元以下的家庭占 27.67%；20 万元以上 50 万元以下的家庭占 25.39%；50 万元以上 100 万元以下的家庭占 12.37%；100 万元以上 250 万元以下的家庭占 10.48%；250 万元以上 1000 万元以下的家庭占 4.34%；1000 万元以上的家庭占 0.52%。家庭资产达到均值的占 11.82%。

表 3-15　　　　　　　　　　　家庭总资产分布情况

| 资产区间 | 百分比 |
| --- | --- |
| 5 万元以下 | 19.23% |
| 5 万元以上 20 万元以下 | 27.67% |
| 20 万元以上 50 万元以下 | 25.39% |

续表

| 资产区间 | 百分比 |
|---|---|
| 50 万元以上 100 万元以下 | 12. 37% |
| 100 万元以上 250 万元以下 | 10. 48% |
| 250 万元以上 1000 万元以下 | 4. 34% |
| 1000 万元以上 | 0. 52% |
| 合计 | 100. 00% |

资料来源：2011 年中国家庭金融调查数据（CHFS）。

（2）家庭总负债。在中国家庭金融调查中，负债包括农业及工商业借款；房屋借款；汽车借款；金融投资借款；信用卡借款；以及其他借款等。从表 3 - 16 和图 3 - 3 可知，中国家庭总负债均值为 62576 元，中位数为 0。分城乡来看，城市家庭总负债均值为 100816 元，中位数为 0；农村家庭总负债均值为 36504 元，中位数为 0。

**表 3 - 16**　　　　　　　　　　　　　**家庭负债**　　　　　　　　　单位：元

|  | 户数 | 均值 | 中位数 |
|---|---|---|---|
| 农村 | 4441 | 36504 | 0 |
| 城市 | 3997 | 100816 | 0 |
| 合计 | 8438 | 62576 | 0 |

资料来源：2011 年中国家庭金融调查数据（CHFS）。

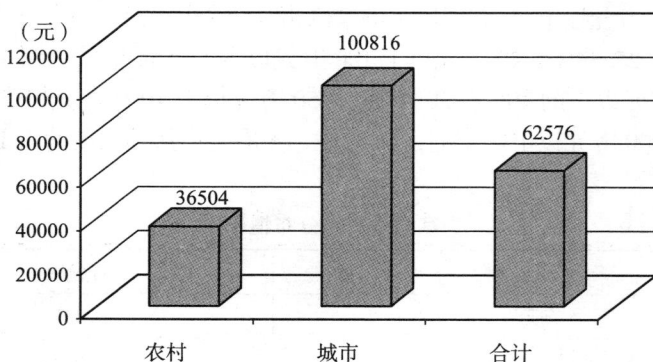

**图 3 - 3　家庭总负债**

资料来源：2011 年中国家庭金融调查数据（CHFS）。

从表 3 – 17 可知，样本中没有负债的家庭占 61.78%，即家庭负债的比例为 38.22%。负债在 1 万元以下的家庭占 8.98%，负债均值为 3324元，中位数为 3000 元；负债在介于 1 万～5 万元之间的家庭占 13.74%，负债均值为 25251 元，中位数为 24000 元；负债介于 5 万～10 万元之间的家庭占 6.66%，负债均值为 65632 元，中位数为 61000 元；负债介于 10万～100 万元之间的家庭占 7.92%，负债均值为 255848 元，中位数为200000 元；负债 100 万元以上的家庭占 0.92%，负债均值为 3703291 元，中位数为 1450000 元。

**表 3 – 17**            **家庭负债分布**

| 负债区间 | 比例 |
|---|---|
| 没有负债 | 61.78% |
| 1 万元以下 | 8.98% |
| 1 万元以上 5 万元以下 | 13.74% |
| 5 万元以上 10 万元以下 | 6.66% |
| 10 万元以上 100 万元以下 | 7.92% |
| 100 万元以上 | 0.92% |
| 合计 | 100.00% |

资料来源：2011 年中国家庭金融调查数据（CHFS）。

（3）家庭净资产。根据前面计算的家庭总资产和总负债，我们可以计算出家庭的财富净值（Net Wealth）。从表 3 – 18 和图 3 – 4 可知，中国家庭财富净值的均值为 1154343 元，中位数为 181003 元。分城乡来看，城市家庭财富净值均值为 2375193 元，中位数为 373000 元；农村家庭财富净值均值为 321973 元，中位数为 122300 元。

**表 3 – 18**           **家庭财富净值**         单位：元

| | 户数 | 均值 | 中位数 |
|---|---|---|---|
| 农村 | 4441 | 321973 | 122300 |
| 城市 | 3997 | 2375193 | 373000 |
| 合计 | 8438 | 1154343 | 181003 |

资料来源：2011 年中国家庭金融调查数据（CHFS）。

（元）

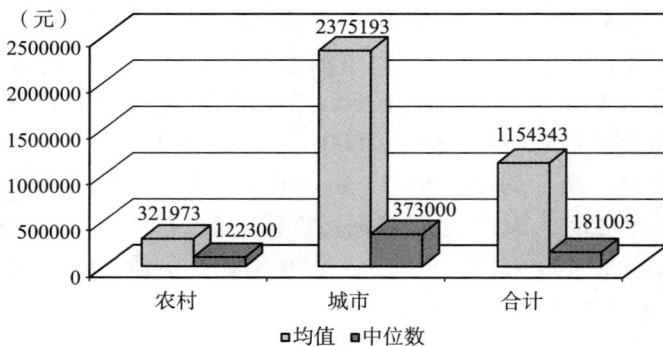

图 3 - 4　家庭财富净值

资料来源：2011 年中国家庭金融调查数据（CHFS）。

从表 3 - 19 中数据可知，在样本中，财富净值小于 0 的家庭占
2.73%；财富净值 5 万元以下的家庭占 18.95%；财富净值介于 5 万 ~ 20
万元之间的家庭占 28.47%；财富净值介于 20 万 ~ 50 万元之间的家庭占
23.72%；财富净值介于 50 万 ~ 100 万元之间的家庭占 11.81%；财富净
值介于 100 万 ~ 250 万元之间的家庭占 9.87%；财富净值介于 250 万 ~
1000 万元之间的家庭占 4.00%；财富净值在 1000 万元以上的家庭占
0.45%。财富超过均值的家庭占 11.69%。

表 3 - 19　　　　　　　　　　家庭财富净值分布

| 财富净值区间 | 比例 |
| --- | --- |
| 小于 0 | 2.73% |
| 5 万元以下 | 18.95% |
| 5 万元以上 20 万元以下 | 28.47% |
| 20 万元以上 50 万元以下 | 23.72% |
| 50 万元以上 100 万元以下 | 11.81% |
| 100 万元以上 250 万元以下 | 9.87% |
| 250 万元以上 1000 万元以下 | 4.00% |
| 1000 万元以上 | 0.45% |
| 合计 | 100% |

资料来源：2011 年中国家庭金融调查数据（CHFS）。

（4）家庭资产负债表。根据前面的结果，我们可以做出中国家庭的资产负债表，见表 3 - 20。从表 3 - 20 可知，平均来看，中国家庭的金融资产为 63719 元，非金融资产为 1153199 元，资产合计为 1216919 元，家庭负债总额为 62576 元，家庭财富净值为 1154343 元。

表 3 - 20 　　　　　　　　　　中国家庭资产负债表 　　　　　　　单位：元

| 资产 | | 负债及净值 | |
|---|---|---|---|
| | 金额 | | 金额 |
| 金融资产 | 63719 | 负债 | 62576 |
| 非金融资产 | 1153199 | 净值 | 1154343 |
| 合计 | 1216919 | 合计 | 1216919 |

资料来源：2011 年中国家庭金融调查数据（CHFS）。

## 2. 家庭金融资产

（1）金融资产总量。家庭金融资产描述统计结果表 3 - 21。从表 3 - 21 可以看出，家庭金融资产平均为 6.38 万元，中位数为 6000 元，最小值为 0，最大值为 1 亿元。分城乡来看，城市家庭金融资产平均为 11.20 万元，中位数为 1.65 万元，最小值为 0，最大值为 1 亿元；农村家庭金融资产平均为 3.10 万元，中位数为 3000 元，最小值为 0，最大值 3030 万元。

表 3 - 21 　　　　　　　　　　　家庭金融资产 　　　　　　　　　　单位：元

| | 户数 | 均值 | 中位数 | 最大值 | 最小值 |
|---|---|---|---|---|---|
| 农村 | 4441 | 31030 | 3000 | 3030 万 | 0 |
| 城市 | 3997 | 111970 | 16500 | 1 亿 | 0 |
| 合计 | 8438 | 63815 | 6000 | 1 亿 | 0 |

资料来源：2011 年中国家庭金融调查数据（CHFS）。

图 3 - 5 是不同户主受教育程度家庭持有金融资产状况。从图 3 - 5 可知，从受教育程度来看，户主为硕士研究生的家庭金融资产均值为 32.93 万元，中位数为 10.15 万元，是所有分组中最高的。户主没上过学的家庭金融资产均值为 6952 元，中位数为 800 元。因此，金融资产与受教育程度呈倒 U 型关系。

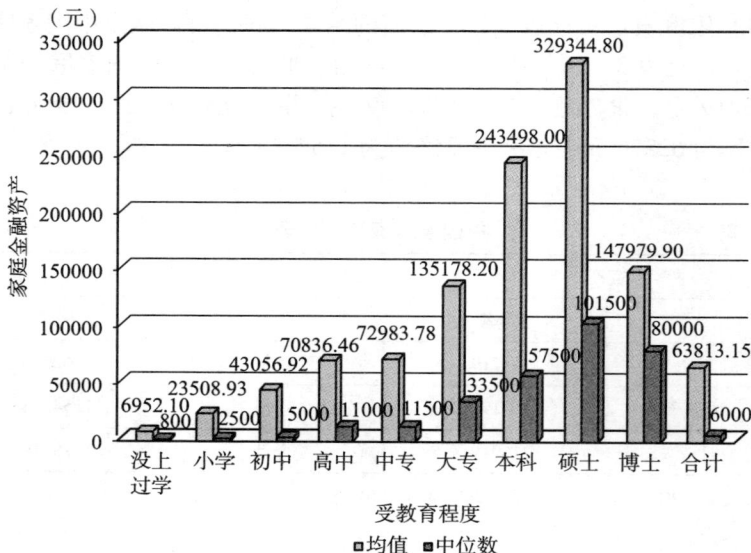

**图 3 - 5　受教育程度与家庭金融资产**

资料来源：2011 年中国家庭金融调查数据（CHFS）。

　　图 3 - 6 是不同年龄段家庭持有金融资产状况。从图 3 - 5 可知，44 岁以下家庭持有金融资产均值为 8.63 万元，中位数为 1.1 万元；45～59 岁家庭均值为 5.07 万元，中位数为 5000 元；60 岁以上家庭均值为 4.90 万元，均值为 2600 元。因此，越是年轻的家庭持有金融资产越多。

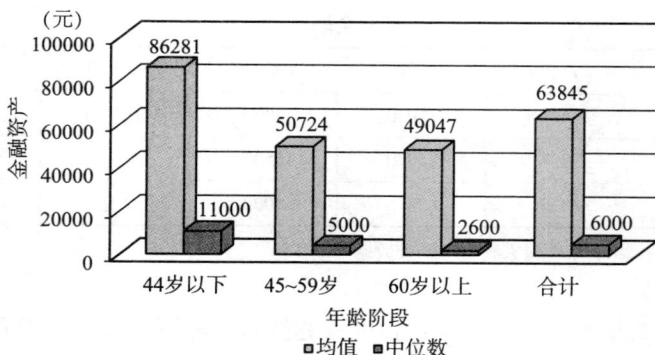

**图 3 - 6　年龄段与家庭金融资产**

资料来源：2011 年中国家庭金融调查数据（CHFS）。

　　（2）风险性金融资产。在中国家庭金融调查中，金融资产又可分为无

风险金融资产和风险性金融资产，无风险金融资产包括活期存款、定期存
款、国库券、地方政府债券、股票账户里的现金余额、手持现金等类；风
险性金融资产是除无风险金融资产以外的金融资产，包括股票、基金、金
融债券、企业债券、金融衍生品、金融理财产品、非人民币资产、黄金、
借出款等。有 8130 个家庭持有金融资产，其中家庭无风险资产的均值为
4.27 万元，中位数为 5000 元，有 20.81% 的家庭持有风险资产，家庭风
险资产的均值为 9.94 万元，中位数为 20000 元。

　　我们将家庭持有的无风险资产和风险资产加总，然后计算风险资产在总
的金融资产中的比重，结果见图 3 - 7。从图 3 - 7 可知，家庭持有风险资产
在金融资产中占比的均值为 9.98%，无风险资产占比均值高达 90.02%。

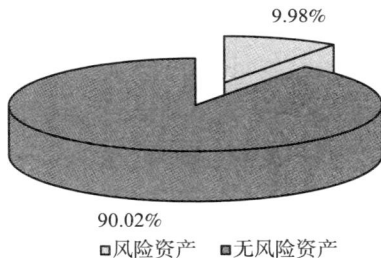

9.98%

90.02%

□风险资产　■无风险资产

**图 3 - 7　家庭金融资产结构**

资料来源：2011 年中国家庭金融调查数据（CHFS）。

　　从图 3 - 8 可知，硕士家庭持有风险资产比重为 34.00%，比例最高；博
士家庭持有风险资产比重为 26.83%；大专家庭持有风险资产权重为 22.25%；

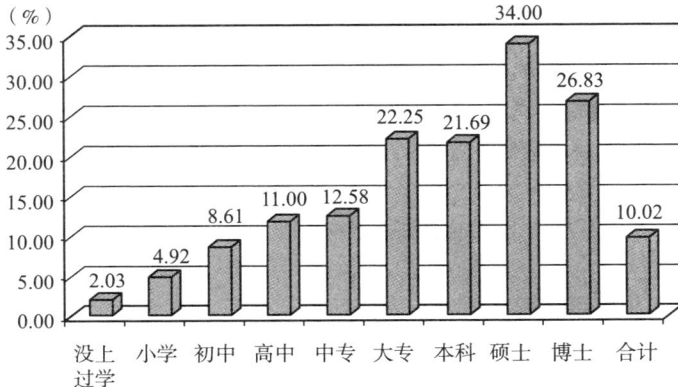

（%）

| | |
|---|---|
| 没上过学 | 2.03 |
| 小学 | 4.92 |
| 初中 | 8.61 |
| 高中 | 11.00 |
| 中专 | 12.58 |
| 大专 | 22.25 |
| 本科 | 21.69 |
| 硕士 | 34.00 |
| 博士 | 26.83 |
| 合计 | 10.02 |

**图 3 - 8　受教育程度与家庭风险资产比重**

资料来源：2011 年中国家庭金融调查数据（CHFS）。

本科家庭持有风险资产权重为 21.69% 。总体来看，受教育程度与风险资产权重之间呈现正相关的关系。

从图 3 - 9 可知，44 岁以下家庭持有风险资产比重均值为 13.91% ；45 ~ 59 岁家庭持有风险资产权重为 9.56% ；60 岁以上家庭持有风险权重均值为 4.54% 。因此，越年轻的家庭持有风险资产比重越高。

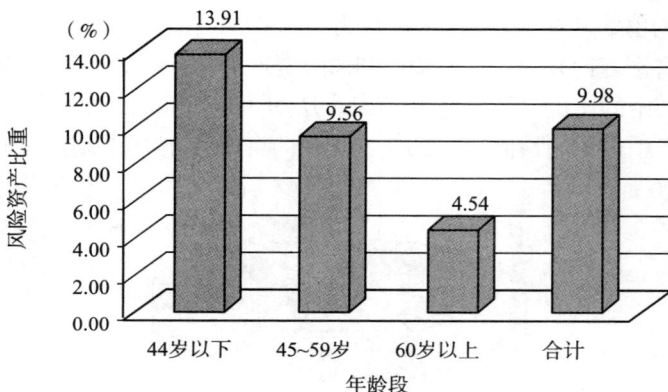

图 3 - 9　年龄段与风险资产比重

资料来源：2011 年中国家庭金融调查数据 （CHFS）。

### 3. 金融资产构成

（1）活期存款。家庭活期存款账户的拥有情况见表 3 - 22。从表 3 - 22 可知，56.43% 的家庭拥有活期存款账户；43.57% 的家庭没有活期存款。这表明，活期存款账户在中国家庭的拥有率并不高。分城乡来看，在城市，68.15% 的家庭拥有活期存款账户，在农村，45.88% 的家庭拥有活期存款账户。城市比农村高出 22.27% ，但城市仍然有 31.85% 的家庭没有活期存款账户。总体来看，活期存款账户作为交易账户，在中国的拥有率并不高。

表 3 - 22　　　　　　　　　家庭活期存款账户拥有情况

|  | 有 | 没有 |
| --- | --- | --- |
| 城市 | 68.15% | 31.85% |
| 农村 | 45.88% | 54.12% |
| 合计 | 56.43% | 43.57% |

资料来源：2011 年中国家庭金融调查数据 （CHFS）。

下面考察活期存款账户余额，由图 3 - 10 可知，城乡家庭活期存款账户平均余额为 2.83 万元，中位数为 7000 元；城市家庭活期存款平均余额为 3.36 万元，中位数为 9000 元；农村家庭活期存款平均余额为 2.30 万元，中位数为 5000 元。城乡家庭活期存款余额均值相差 1.06 元，中位数相差 4000 元，城乡差距较大。

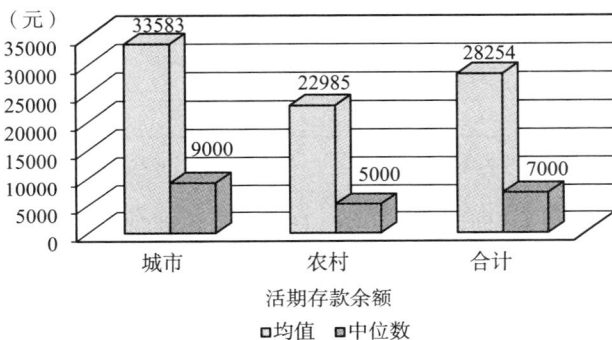

**图 3 - 10　家庭活期存款余额**

资料来源：2011 年中国家庭金融调查数据（CHFS）。

（2）定期存款。从表 3 - 23 可知，17.76% 的家庭有定期存款，82.24% 的家庭没有定期存款。分城乡来看，在城市，24.09% 的家庭拥有定期存款；在农村，12.03% 的家庭拥有定期存款，城市比农村高出 12.06%。

表 3 - 23　　　　　　　　定期存款拥有情况

| | 有 | 没有 |
|---|---|---|
| 城市 | 24.09% | 75.91% |
| 农村 | 12.03% | 87.97% |
| 合计 | 17.76% | 82.24% |

资料来源：2011 年中国家庭金融调查数据（CHFS）。

从表 3 - 24 可知，有 930 户家庭有一笔定期存款，占 64.99%；有 235 个家庭有两笔定期存款，占比 16.42%；有 121 个家庭有三笔定期存款，占比 8.46%；有 145 户家庭拥有三笔以上定期存款，占比 10.13%。

表 3 - 24　　　　　　　　　　家庭定期存款的笔数

| 笔数 | 户数 | 百分比（%） |
|---|---|---|
| 1 笔 | 930 | 64.99 |
| 2 笔 | 235 | 16.42 |
| 3 笔 | 121 | 8.46 |
| 4 笔 | 51 | 3.56 |
| 5 笔 | 38 | 2.66 |
| 6 笔 | 19 | 1.33 |
| 7 笔以上 | 37 | 2.59 |
| 合计 | 1431 | 100.00 |

资料来源：2011 年中国家庭金融调查数据（CHFS）。

表 3 - 25 是家庭定期存款的余额，图 3 - 11 是定期存款余额的平均数和中位数。从表 3 - 25 和图 3 - 11 可知，家庭定期存款平均余额 7.63 万元，中位数 4 万元。分城乡来看，城市家庭定期存款平均余额 10.54 万元，中位数 5 万元；农村家庭定期存款平均余额 4.24 万元，中位数 2 万元。城市家庭比农村家庭定期存款平均高出 6.30 万元，中位数高出 3 万元，城乡之间差异较大。

表 3 - 25　　　　　　　　　家庭定期存款余额　　　　　　　　　单位：元

|  | 均值 | 中位数 | 标准差 | 最小值 | 最大值 |
|---|---|---|---|---|---|
| 城市 | 105404 | 50000 | 194951 | 0 | 2000000 |
| 农村 | 42380 | 20000 | 58746 | 20 | 400000 |
| 合计 | 76349 | 40000 | 151833 | 0 | 2000000 |

资料来源：2011 年中国家庭金融调查数据（CHFS）。

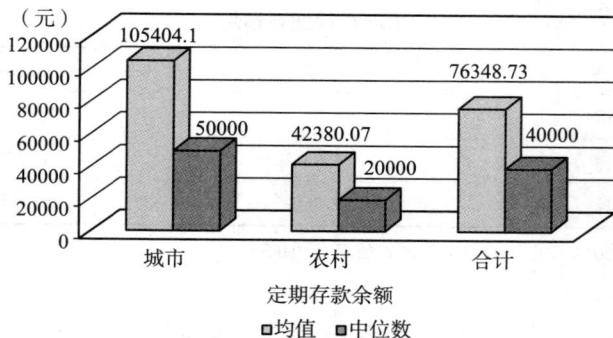

图 3 - 11　家庭定期存款余额

资料来源：2011 年中国家庭金融调查数据（CHFS）。

从表 3 - 26 可知，定期存款的利息收入平均为 1792.00 元，中位数为 550 元。分城乡来看，城市家庭定期存款利息收入平均为 2192.43 元，中位数为 1000 元；农村家庭定期存款利息收入平均为 1332.75 元，中位数为 300 元。总体来看，定期存款带给城乡居民的利息收入并不多。

表 3 - 26 家庭定期存款的利息收入 单位：元

|  | 户数 | 均值 | 中位数 |
|---|---|---|---|
| 城市 | 700 | 2192.43 | 1000 |
| 农村 | 409 | 1332.75 | 300 |
| 合计 | 1109 | 1792.00 | 550 |

资料来源：2011 年中国家庭金融调查数据（CHFS）。

（3）股票。

从图 3 - 12 可知，家庭股票账户资金平均余额为 5.02 万元，中位数为 5500 元。分城乡来看，城市家庭平均余额为 5.01 万元，中位数为 3500 元；农村家庭平均余额为 5.03 万元，中位数为 20000 元。农村家庭股票账户的现金余额均值、中位数均高于城市家庭。这表明，农村家庭的股票账户资金闲置更严重。

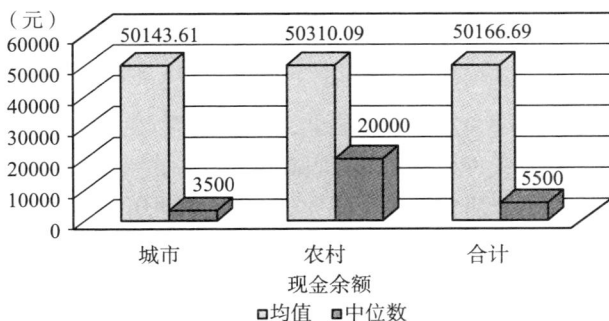

图 3 - 12 家庭股票账户的现金余额

资料来源：2011 年中国家庭金融调查数据（CHFS）。

表 3 - 27 和图 3 - 13 的结果显示，有 640 个家庭参与了炒股，盈利的家庭加权后为 142 个，占 22.27%；盈亏平衡的家庭 140 个，占 21.82%；亏损的家庭 358 个，比例达 56.01%。可见，高达 77% 的炒股家庭没有从

股市赚钱。

表 3 - 27 家庭炒股盈亏状况

| | 盈利 | | 持平 | | 亏损 | |
|---|---|---|---|---|---|---|
| | 户数 | 百分比（%） | 户数 | 百分比（%） | 户数 | 百分比（%） |
| 城市 | 126 | 22. 27 | 115 | 20. 30 | 326 | 57. 43 |
| 农村 | 16 | 21. 57 | 23 | 30. 83 | 35 | 47. 60 |
| 合计 | 142 | 22. 17 | 140 | 21. 82 | 358 | 56. 01 |

资料来源：2011 年中国家庭金融调查数据（CHFS）。

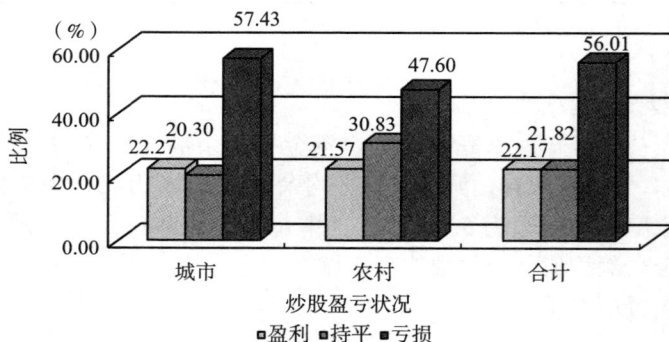

图 3 - 13 炒股盈亏状况

资料来源：2011 年中国家庭金融调查数据（CHFS）。

从表 3 - 28 和图 3 - 14 可以看出，没上过学炒股盈利的占 33. 33%，小学 37. 04%，初中 9. 84%，中专/职高 20. 59%，大专/高职 25. 40%，大学本科 19. 31%，硕士研究生 22. 22%，可见高学历与炒股赚钱之间并没有必然关系。

表 3 - 28 受教育程度与炒股盈亏占比 单位：%

| | 盈利 | 持平 | 亏损 |
|---|---|---|---|
| 没上过学 | 33. 33 | 33. 33 | 33. 33 |
| 小学 | 37. 04 | 25. 93 | 37. 04 |
| 初中 | 9. 84 | 27. 87 | 62. 30 |

续表

|  | 盈利 | 持平 | 亏损 |
| --- | --- | --- | --- |
| 高中 | 24.78 | 13.27 | 61.95 |
| 中专 | 20.59 | 22.06 | 57.35 |
| 大专 | 25.40 | 21.43 | 53.17 |
| 本科 | 19.31 | 28.28 | 52.41 |
| 硕士 | 22.22 | 25.93 | 51.85 |
| 博士 | 0 | 16.67 | 83.33 |

资料来源：2011 年中国家庭金融调查数据（CHFS）。

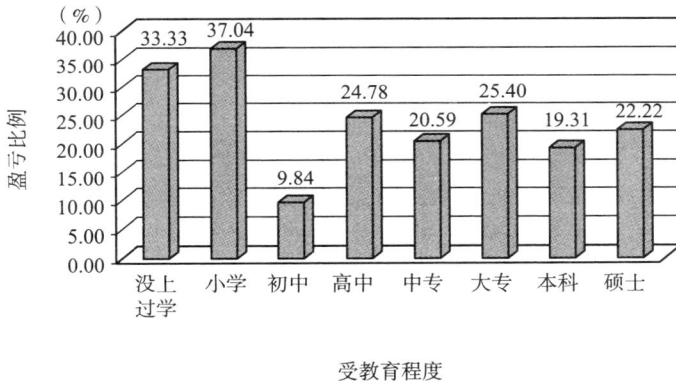

图 3 - 14　受教育程度与炒股盈亏

资料来源：2011 年中国家庭金融调查数据（CHFS）。

　　从表 3 - 29 可知，在户主为 44 岁以下的家庭中，炒股盈利的为 56 个家庭，占 16.14%；盈亏平衡的家庭 96 个，占 27.67%；亏损的家庭 195 个，占 56.20%。在 45 ~ 59 岁家庭中，炒股盈利 46 个家庭，占 23.71%；盈亏平衡的 33 个，占 17.01%；亏损的 115 个，占 59.28%。在 60 岁以上家庭中，炒股盈利的家庭 30 个，占 30.30%；盈亏平衡的家庭 19 个，占 19.19%；亏损的家庭 50 个，占 50.51%。总体来看，随着年龄的增加，炒股赚钱的比例呈增加的态势。

**表 3 - 29**　　　　　　　　　　炒股盈亏的年龄效应

| | 盈利 | | 持平 | | 亏损 | |
|---|---|---|---|---|---|---|
| | 户数 | 百分比（%） | 户数 | 百分比（%） | 户数 | 百分比（%） |
| 44 岁以下 | 56 | 16. 14 | 96 | 27. 67 | 195 | 56. 20 |
| 45 ~ 59 岁 | 46 | 23. 71 | 33 | 17. 01 | 115 | 59. 28 |
| 60 岁以上 | 30 | 30. 30 | 19 | 19. 19 | 50 | 50. 51 |

　　资料来源：2011 年中国家庭金融调查数据（CHFS）。

　　由表 3 - 30 可知，用自家电脑完成股票交易的占 75. 62%，比例最大；用手机进行股票交易的占 11. 80%，占第二位；居第三位的是用办公场所电脑进行交易，占 8. 54%；用普通电话进行交易的占 8. 23%，居第四位；柜台交易仍然占到 7. 61%，居第五位。总体来看，利用电脑、电话等现代通信方式交易的占比最大，这表明，中国家庭股票交易的操作技术是现代的。

**表 3 - 30**　　　　　　　　　　家庭股票交易的主要方式

| | 户数 | 百分比（%） |
|---|---|---|
| 自家电脑 | 487 | 75. 62 |
| 办公场所电脑 | 55 | 8. 54 |
| 网点电脑 | 25 | 3. 88 |
| 柜台 | 49 | 7. 61 |
| 电话（不包括手机） | 53 | 8. 23 |
| 手机 | 76 | 11. 80 |
| 通过经纪人操作 | 10 | 1. 55 |
| 其他 | 23 | 3. 57 |

　　资料来源：2011 年中国家庭金融调查数据（CHFS）。

　　从表 3 - 31 可知，在有效样本中，有 1. 70% 的家庭通过借贷购买股票。借贷的金额见图 3 - 15。在通过借贷购买股票的家庭，平均借贷金额为 6. 29 万元，中位数为 3 万元。总体来看，炒股借贷的比例较小，但金额还是较大。

表 3 - 31                          家庭炒股借贷情况

|  | 户数 | 百分比（%） | 累计百分比（%） |
|---|---|---|---|
| 有 | 11 | 1.70 | 1.70 |
| 没有 | 629 | 98.30 | 100.00 |
| 合计 | 640 | 100.00 |  |

资料来源：2011 年中国家庭金融调查数据（CHFS）。

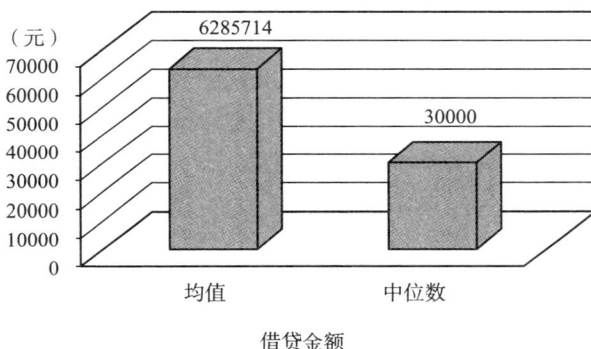

图 3 - 15  家庭炒股借贷金额

资料来源：2011 年中国家庭金融调查数据（CHFS）。

从表 3 - 32 和图 3 - 16 可知，家庭从股票中获得的税后收入均值为 7529.15 元，中位数为 0，亏损最大为 10 万元，获利最多为 40 万元。分城乡来看，城市家庭平均获得税后收入 8536.61 元，中位数为 0；农村家庭平均获得税后收入 1631.61 元，中位数为 0。总体来看，城市家庭从股票获得的收入是农村家庭的 5 倍多。

表 3 - 32                  家庭从股票中获得的税后收入                    单位：元

|  | 户数 | 均值 | 标准差 | 中位数 | 最小值 | 最大值 |
|---|---|---|---|---|---|---|
| 城市 | 555 | 8536.61 | 44123.29 | 0 | -100000 | 400000 |
| 农村 | 71 | 1631.61 | 5332.64 | 0 | -300 | 50000 |
| 合计 | 626 | 7529.15 | 40896.45 | 0 | -100000 | 400000 |

资料来源：2011 年中国家庭金融调查数据（CHFS）。

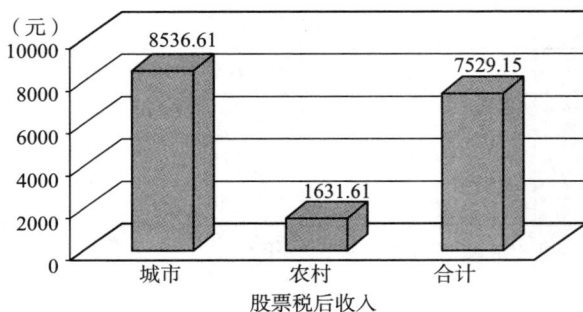

**图 3 – 16　家庭从股票获得税后收入**

资料来源：2011 年中国家庭金融调查数据（CHFS）。

（4）债券。从表 3 – 33 和图 3 – 17 可知，在持有债券的 65 户家庭中，83.08% 的家庭持有国库券；9.23% 的家庭持有地方政府债券；7.69% 的家庭持有金融债券；6.15% 的家庭持有企业债券。这与我国债券市场以国债为主、企业债券发展滞后的国情基本相符。

表 3 – 33　　　　　　　　　　家庭持有债券种类

| | 有 | | 没有 | |
|---|---|---|---|---|
| | 户数 | 比例（%） | 户数 | 比例（%） |
| 国库券 | 54 | 83.08 | 11 | 16.92 |
| 地方政府债券 | 6 | 9.23 | 59 | 90.77 |
| 金融债券 | 5 | 7.69 | 60 | 92.31 |
| 企业债券 | 4 | 6.15 | 61 | 93.85 |
| 合计 | 65 | | | |

注：从表中可以看出有 4 户家庭是持有多种类型的债券。

资料来源：2011 年中国家庭金融调查数据（CHFS）。

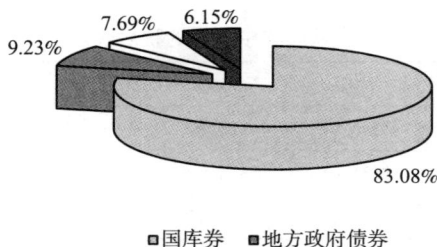

**图 3 – 17　家庭持有债券构成**

注：由于一些家庭持有多种类型的债券，因此图中各部分的数值总和超过 100%。

资料来源：2011 年中国家庭金融调查数据（CHFS）。

从图 3 - 18 可知，持有债券的样本中债券面值的均值为 8.65 万元，从债券获得的税后收入均值为 5890.61 元。

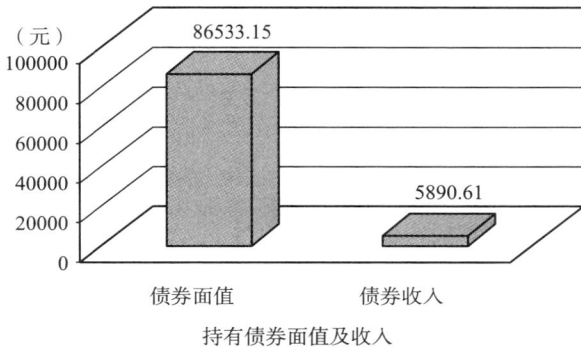

**图 3 - 18 家庭持有债券面值及获利**

资料来源：2011 年中国家庭金融调查数据（CHFS）。

（5）基金。表 3 - 34 家庭持有基金只数的分布。从表 3 - 34 可知，在持有基金的家庭中，38.94% 的家庭持有 1 只基金，25.07% 的家庭持有 2 只基金；17.70% 的家庭持有 3 只基金；18.29% 的家庭持有 4 只及以上的基金。

表 3 - 34　　　　　　　　　　　　家庭持有基金只数

|  | 户数 | 百分比（%） |
|---|---|---|
| 1 只 | 132 | 38.94 |
| 2 只 | 85 | 25.07 |
| 3 只 | 60 | 17.70 |
| 4 只 | 29 | 8.55 |
| 5 只 | 15 | 4.42 |
| 6 只 | 8 | 2.36 |
| 7 只及以上 | 10 | 2.95 |
| 合计 | 339 | 100.00 |

资料来源：2011 年中国家庭金融调查数据（CHFS）。

进一步，我们考察家庭持有的基金类型，见表 3 - 35 和图 3 - 19。表 3 - 35 和图 3 - 19 可知，在持有基金的家庭中，股票型基金占 56.07%；债券型基金占 12.77%；货币市场基金占 7.79%；混合型基金占 38.63%；其他类型基金占 4.98%。

表 3 – 35 家庭持有基金类型

| | 总户数 | 户数 | 比例（%） |
|---|---|---|---|
| 股票型基金 | 321 | 180 | 56.07 |
| 债券型基金 | 321 | 41 | 12.77 |
| 货币市场基金 | 321 | 25 | 7.79 |
| 混合型基金 | 321 | 124 | 38.63 |
| 其他 | 321 | 16 | 4.98 |

注：从表中可以看出有 65 户家庭持有多种类型的基金。
资料来源：2011 年中国家庭金融调查数据（CHFS）。

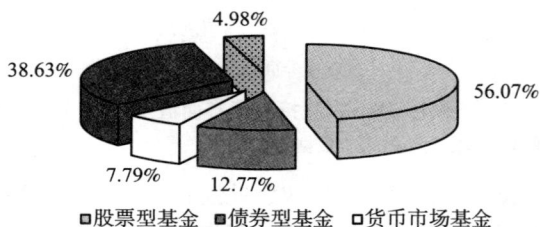

图 3 – 19 家庭持有基金类型

注：由于一些家庭持有多种类型的基金，因此图中各部分的数值总和超过 100%。
资料来源：2011 年中国家庭金融调查数据（CHFS）。

家庭投资基金的时间见图 3 – 20。从图 3 – 20 可知，家庭投资基金的平均时间为 37.03 个月，中位数为 36 个月，最长 120 个月。分城乡来看，城市家庭投资基金的时间均值为 38.93 个月，中位数为 40 个月；农村家庭投资基金的时间均值为 27.95 个月，中位数为 30 个月。

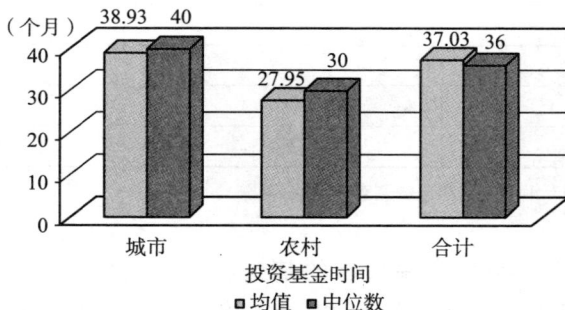

图 3 – 20 家庭投资基金时间

资料来源：2011 年中国家庭金融调查数据（CHFS）。

家庭持有基金的市值见表 3 - 36。从表 3 - 36 可知，基金市值平均值为 5.25 万元，中位数为 2 万元；从基金上获得的税后收入均值为 -590.70 元，中位数为 0。因此，总体来看，从基金上获利也不容易，50% 以上的家庭没有从基金投资中获利。

表 3 - 36　　　　　　家庭持有的基金市值和获得的税后收入　　　　　　单位：元

| | 基金市值 | |
| --- | --- | --- |
| | 平均值 | 中位数 |
| 基金市值 | 52528.54 | 20000 |
| 基金获利 | -590.70 | 0 |

资料来源：2011 年中国家庭金融调查数据（CHFS）。

（6）金融理财产品。样本中共有家庭持有 70 个家庭持有银行理财产品，8 个家庭持有非银行金融理财产品。金融理财产品的投入及价值图 3 - 21。从图 3 - 21 可知，家庭在理财产品上投入资金平均为 19.43 万元，中位数为 15 万元；理财产品的价值平均为 14.11 万元，中位数为 11 万元。另外，家庭理财产品上获得的收入均值为 3728.58 元，中位数为 1500 元。

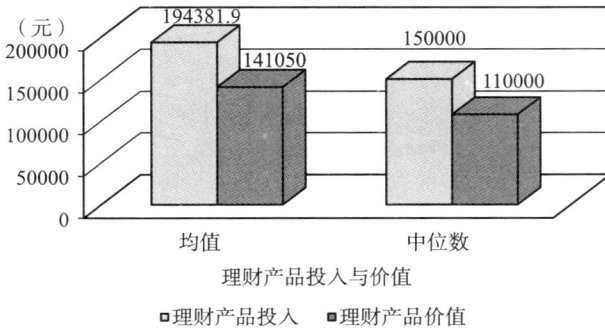

图 3 - 21　家庭金融理财产品投入及价值

资料来源：2011 年中国家庭金融调查数据（CHFS）。

（7）非人民币资产。家庭持有非人民币资产见表 3 - 37。从表 3 - 37 可知，我国家庭有 1.32% 的家庭持有非人民币资产。分城乡来看，城市家庭拥有非人民币资产的比例为 2.25%，农村拥有非人民币资产的比例为 0.47%。尽管农村家庭拥有非人民币资产的比例较低，但是这表明农村家庭金融资产结构已经在发生变化了。

表 3 - 37 家庭持有非人民币资产

| | 有 | | 没有 | |
|---|---|---|---|---|
| | 户数 | 百分比（%） | 户数 | 百分比（%） |
| 城市 | 90 | 2.25 | 3904 | 97.75 |
| 农村 | 21 | 0.47 | 4419 | 99.53 |
| 合计 | 111 | 1.32 | 8323 | 98.68 |

资料来源：2011 年中国家庭金融调查数据（CHFS）。

　　家庭持有的非人民币资产包括：外币存款、外钞/外币现金、B 股股票、H 股股票、银行外汇市场交易产品、国外股票等。图 3 - 22 是家庭持有的非人民币资产的种类分布。从图 3 - 22 可知，在持有非人民币资产的家庭中，外币存款占比最高，到达 46.36%；外钞、外币现金占到 43.64%，其余资产涵盖 B 股股票、H 股股票、国外股票等。此外，家庭从外币资产上获得的税后收入平均为 2549.21 元，中位数为 0。

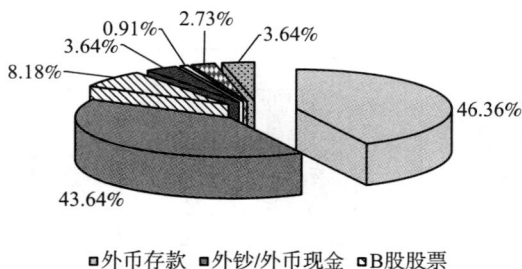

图 3 - 22 家庭持有非人民币资产构成

注：由于一些家庭持有多种类型的基金，因此图中各部分的数值总和超过 100%。
资料来源：2011 年中国家庭金融调查数据（CHFS）。

　　（8）黄金。家庭持有黄金包括纸黄金、实物黄金等，表 3 - 38 是家庭持有黄金的情况。从表 3 - 38 可知，样本中有 55 个家庭拥有黄金（含纸黄金、实物黄金），占全部家庭的 0.65%。总体来看，持有黄金的家庭比例较低。分城乡来看，有 38 个城市家庭持有黄金，占 0.95%；有 17 个农村家庭持有黄金，占 0.38%。

表 3 - 38 家庭持有黄金比例

| | 有 | | 没有 | |
| --- | --- | --- | --- | --- |
| | 户数 | 百分比（%） | 户数 | 百分比（%） |
| 城市 | 38 | 0.95 | 3957 | 99.05 |
| 农村 | 17 | 0.38 | 4424 | 99.62 |
| 合计 | 55 | 0.65 | 8381 | 99.35 |

资料来源：2011 年中国家庭金融调查数据（CHFS）。

图 3 - 23 是家庭黄金投资额及持有黄金的价值。从图 3 - 23 可知，样本中持有黄金的家庭黄金投资额平均为 1.57 万元，中位数为 7000 元；黄金的市值均值为 2.91 万元，中位数为 1 万元。此外，家庭从黄金上获得的税后收入均值为 3306.20 元，中位数为 0。

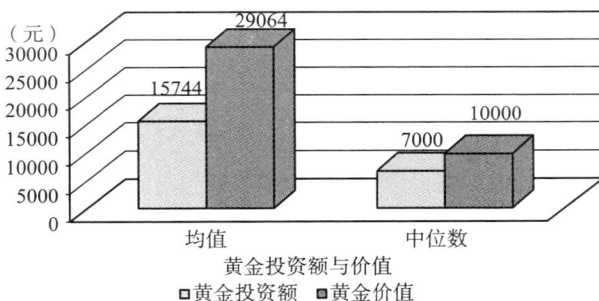

**图 3 - 23 家庭黄金投资额及价值**

资料来源：2011 年中国家庭金融调查数据（CHFS）。

（9）现金。图 3 - 24 是家庭持有的现金余额均值和中位数。从图 3 - 24 可知，家庭持有现金额平均为 577.23 元，中位数为 1000 元。可见现金在不同家庭的分布是很不均匀的。分城乡来看，城市家庭平均现金余额为 6764.39 元，中位数为 2000 元；农村家庭平均现金余额为 5105.48 元，中位数为 1000 元。

（10）借出款。图 3 - 25 是家庭借款的金额。由图 3 - 25 可知，家庭借出款平均为 6.08 万元，中位数为 1 万元。分城乡来看，城市家庭平均借出 10.50 万元，中位数为 2 万元；农村家庭平均借出 3.08 万元，中位数为 1 万元。

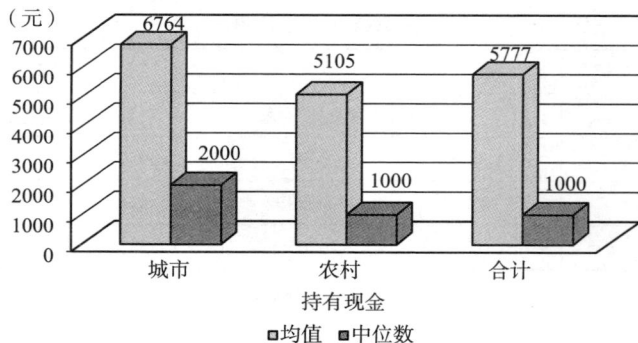

**图 3 - 24　家庭持有现金**

资料来源：2011 年中国家庭金融调查数据（CHFS）。

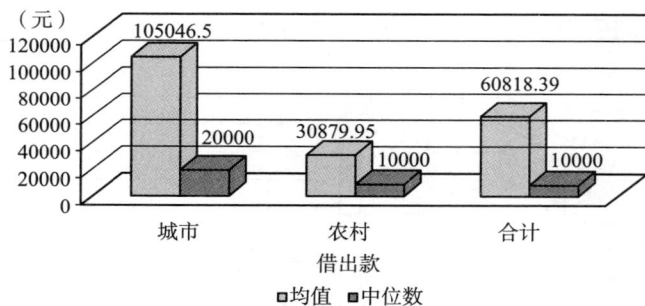

**图 3 - 25　家庭借出款**

资料来源：2011 年中国家庭金融调查数据（CHFS）。

　　家庭最大一笔借款的期限见表 3 - 39。从表 3 - 39 可知，有 62.03%
的家庭借款期限都在一年及一年以内，即多数以短期借款为主。

表 3 - 39　　　　　　　　　　最大一笔借款的期限

| 借款期限 | 户数 | 百分比（%） |
| --- | --- | --- |
| 1 年以下 | 37 | 11.24 |
| 1 年 | 86 | 50.89 |
| 1 年以上 | 46 | 37.87 |
| 合计 | 169 | 100 |

资料来源：2011 年中国家庭金融调查数据（CHFS）。

表 3－40 是借出款中金额最大一笔的借款对象。由表 3－40 可知，在最大一笔贷款中，有 44.78% 的家庭借给了同事或朋友，有 25.07% 的家庭借给了其他亲属，有 24.78% 的家庭借给了兄弟姐妹。

**表 3－40　　　　　　　　家庭最大一笔借出款对象**

| | 户数 | 百分比（%） | 累计百分比（%） |
|---|---|---|---|
| 父母 | 8 | 0.80 | 0.80 |
| 子女 | 16 | 1.59 | 2.39 |
| 兄弟姐妹 | 249 | 24.78 | 27.16 |
| 其他亲属 | 252 | 25.07 | 52.24 |
| 朋友/同事 | 450 | 44.78 | 97.01 |
| 民间金融组织 | 1 | 0.10 | 97.11 |
| 其他 | 29 | 2.89 | 100.00 |
| 合计 | 1005 | 100.00 | |

资料来源：2011 年中国家庭金融调查数据（CHFS）。

表 3－41 是最大一笔借款的利率、期限和利息收入。从表 3－41 可知，利率的平均数为 0.40%，中位数为 0，最大为 24%；借款期限均值为 18.64 个月，中位数为 12 个月，最长为 20 年；从借出款中获得的收入均值为 608.23 元，中位数为 0，最大值为 12.5 万元。

**表 3－41　　　　　　　　家庭最大一笔借款特征**

| | 户数 | 均值 | 中位数 |
|---|---|---|---|
| 利率 | 997 | 0.40 | 0 |
| 借款期限 | 693 | 18.64 | 12 |
| 利息收入 | 1002 | 608.23 | 0 |

资料来源：2011 年中国家庭金融调查数据（CHFS）。

### 4. 家庭资产总特征

中国家庭资产构成如表 3－42 所示，家庭总资产均值约为 121.4 万元，其中非金融资产为 115.0 万元，占 94.8%；金融资产为 6.4 万元，占

5.3%。在非金融资产中,房产是我国家庭最重要的非金融资产,占总资产的40.07%;其次是自有生产经营资产,占总资产的10.21%,而后依次是土地资产、汽车、耐用品和农业资产等,其在总资产中的占比分别为2.86%、2.16%、0.78%和0.28%。房产具有消费品和投资品双重属性,2011年我国住宅总市值为98万亿元左右,远超过股票和债券,成为第一大投资品,这与我国"居者有其屋"的传统观念有很大关系,中国家庭自有住房拥有率为89.7%,远高于世界平均水平60%,世界上最富裕的美国该比例也仅为65%。在家庭资产组合中,房产是一项重要的资产并对家庭决策行为有重要影响(Campbell,2006),房产对家庭金融风险资产的持有挤出效应(Cocco,2004)。在我国,对于中低收入家庭来说,房产是生活必需品,而对于高收入家庭来说,房产是投资品并且对其有很大的投资需求,这在一定程度上推高了房价,尤其是在我国中心城市或人口密集地区,过去30年我国家庭住房支出大幅增加,给许多家庭,尤其是中低收入家庭带来了沉重的负担。

表3-42　　　　　　　　　　2011年中国家庭资产构成　　　　　　　　单位:元

| | 均值 | 占比 | 中位数 |
|---|---|---|---|
| **总资产** | 1216919 | 100.00% | 202455 |
| **非金融资产** | 1153120 | 94.75% | 177950 |
| 农业资产 | 3395 | 0.28% | 0 |
| 自有生产经营资产 | 123998 | 10.21% | 0 |
| 住房资产 | 486512 | 40.07% | 122000 |
| 土地资产 | 35095 | 2.89% | 0 |
| 汽车 | 26222 | 2.16% | 1000 |
| 耐用品 | 9496 | 0.78% | 3700 |
| 其他非金融资产 | 465778 | 38.36% | 0 |
| **金融资产** | 63799 | 5.25% | 6000 |
| 储蓄 | 32144 | 2.65% | 1700 |
| 股票 | 9367 | 0.77% | 0 |
| 债券 | 482 | 0.04% | |

续表

| | 均值 | 占比 | 中位数 |
|---|---|---|---|
| 基金 | 2264 | 0.19% | 0 |
| 衍生品 | 13 | 0.00% | 0 |
| 银行理财产品 | 1256 | 0.10% | 0 |
| 非人民币资产 | 537 | 0.04% | 0 |
| 黄金 | 173 | 0.01% | 0 |
| 现金 | 10179 | 0.84% | 1000 |
| 借出资金 | 7383 | 0.61% | 0 |

资料来源：2011 年中国家庭金融调查数据（CHFS）。

　　我国家庭金融资产主要包括银行存款、现金、股票、借出资金、基金、银行理财产品等，其中，储蓄存款是我国家庭最重要的金融资产，在金融资产中的比重超过 50%；手持现金其次，占比为 16%；第三位为股票，占 14.7%；值得一提的是，排在第四位的是家庭借出资金，占比为11.6%，说明我国民间金融市场在家庭金融资产选择中有重要作用；基金、银行理财产品等排在其后，家庭很少持有债券、非人民币资产和黄金等金融产品。

　　截至 2011 年 8 月，金融资产在总资产中的比重仅为 5.3%，说明随着我国金融业的发展和家庭收入的增长，虽然家庭资产选择呈现出金融化的趋势（张海云，2010），但我国金融资产在总资产中的比例依然非常低，美国这一比例为 38%，一方面说明我国金融市场的发展有待进一步完善；另一方面房产的比重在总资产中的比重为 40% 左右，说明房产对金融资产有一定的挤出作用。

　　由于 CHFS 仅获得了 2011 年的截面数据，无法观察家庭金融资产选择的随时间的变化情况，为了解和分析我国家庭金融资产选择随时间的变化特征，本书将结合目前我国统计资料中所能利用的源数据，将金融资产分为手持现金、储蓄存款、债券、股票、保险和外币储蓄 6 类，各指标具体的计算解释如下：（1）手持现金，指居民期末持有的流通中货币。统计年鉴中没有专门的居民持有的现金余额，但中国人民银行的调查表明，1978～1994 年居民个人手持现金在全部流通现金的比重为 76%～80%。考虑到近年来金融卡、信用卡的大量使用，本书以《中国统计年鉴》流通中现金 M0 的 75% 计为居民持有现金。（2）储蓄存款，采用《中国统计年鉴》中的城乡居民储蓄存款年末余额。（3）股票，这里主要指居民持有的 A 股。我们引用《中国证券监督管理委员会统计月报》公布的流通市值，按照每月数据做算术平均得到年均流通市值，假定居民持有的股票占股票流通量的 60%，计算得到居民期末持有股票量。（4）债券，包括国债、金融债和企业债三类。金融债券主要面向机构投资者，故排除在外。家庭持有的一般是国债和企业债券，同时这两种债券不全是居民持有。出于简化考虑，直接以《中国财政年鉴》中的国债余额和《中国统计年鉴》中的企业债余额的 80% 计算（刘楹，2007）。（5）家庭保险，包括社会保险和商业性保险。家庭的商业性保险主要包括寿险、健康险、人身意外伤害险和家庭财产险等。所以，家庭的保险资产等于社会保险金额与这些险种金额之和。采用《中国劳动统计年鉴》和《中国保险年鉴》各年相关数据计算得出。（6）外币储蓄，指居民拥有的外币数额，按照期末汇率换算成人民币核算。外币储蓄额根据《中国统计年鉴》、《中国金融统计年鉴》和《中国人民银行统计季报》公布的资金流量表中的外币储蓄计算得出。

　　表 3 - 43 反映了 2000 ~ 2012 年中国家庭持有的各项金融资产总量和占比情况。根据表 3 - 43，我国家庭金融资产选择的变化情况主要表现为高储蓄下的多元化选择。自 2000 年起我国储蓄存款在家庭金融资产中的比重虽有波动，但始终是最重要的金融资产。家庭金融资产选择具体变化特征总结如下：（1）手持现金比例不断下降，由 2000 年为 10.7% 下降到 2012 年为 6%。这主要是由于我国金融现代化服务水平不断提高，银行网点的覆盖面大幅度提高，非现金化的支付方式普及化。（2）储蓄存款也有所减少，但减少幅度较小，由 2000 年的 62.7% 下降为 2011 年的 58.2%。这主要是由于我国人口老龄化，加之社会保障体系不完善，看病贵、教育成本高等问题较为普遍，使得人们的金融资产持有方式较为保守，预防性动机较强。（3）股票持有量有所增长，但波动较大。从 2000 年的 9.4% 下降到 2005 年的 3.2%，之后曲折上涨到 2012 年的 15.9%，这与中国股市行情的波动、人们金融知识水平的增加以及在 A 股上市交易的公司不断增加有关，2001 年股指上升到最高值后，经历了 4 年的牛市，2005 ~ 2007 年经历历史升幅最大的牛市，股指从 998 点一路飙升到 6124 点，全民炒股热情高涨，股民持股资产迅速上升。2008 年，全球遭遇金融危机，中国股市重创，使得居民股票资产急剧下降，之后至 2012 年有涨有跌，波动

幅度有所收窄。（4）家庭债券持有量稳定增长，在资产中的占比呈缓慢上升趋势。近几年，国债和企业债的供给增加，为家庭投资提供了更多元化的选择，加之债券收益比较稳定，受到家庭的青睐。（5）保险在资产配置中的比重不断上升，由 2000 年的 3.9% 上升到 2012 年的 6.3%，这主要是由于社会保障程度的提高和人们风险意识的增加。（6）外币储蓄总体呈下降趋势，主要原因可归结为：自 2005 年 7 月 21 日人民币汇率制度改革以来，人民币呈现持续升值状态，升值幅度累计超过 20%，为了防止持有外币遭受货币贬值的损失，家庭倾向于多持有本币。

表 3-43　　　　　　　　我国家庭金融资产分配情况　　　　　　　单位：亿元

| 年份 | 手持现金 | | 储蓄存款余额 | | 股票持有量 | | 债券持有量 | | 保险额 | | 外币储蓄 | | 总计 |
| | 总量 | 占比 | 总量 | 占比 | 总量 | 占比 | 总量 | 占比 | 总量 | 占比 | 总量 | 占比 | |
|---|---|---|---|---|---|---|---|---|---|---|---|---|---|
| 2000 | 10990 | 10.7% | 64332 | 62.7% | 9653 | 9.4% | 7862 | 7.7% | 4052 | 3.9% | 5713 | 5.6% | 102602 |
| 2001 | 11767 | 10.2% | 73762 | 64.1% | 8678 | 7.5% | 9459 | 8.2% | 5002 | 4.3% | 6387 | 5.6% | 115055 |
| 2002 | 12959 | 9.7% | 86911 | 65.3% | 7491 | 5.6% | 11797 | 8.9% | 6872 | 5.2% | 7010 | 5.3% | 133040 |
| 2003 | 14810 | 9.5% | 103618 | 66.7% | 7907 | 5.1% | 13777 | 8.9% | 8538 | 5.5% | 6666 | 4.3% | 155316 |
| 2004 | 16101 | 9.2% | 119555 | 68.6% | 7013 | 4.0% | 15662 | 9.0% | 9848 | 5.6% | 6189 | 3.5% | 174368 |
| 2005 | 18024 | 8.9% | 141051 | 69.7% | 6378 | 3.2% | 20337 | 10.1% | 11554 | 5.7% | 4904 | 2.4% | 202248 |
| 2006 | 20304 | 8.5% | 161587 | 67.7% | 15002 | 6.3% | 22991 | 9.6% | 13904 | 5.8% | 5029 | 2.1% | 238817 |
| 2007 | 22781 | 7.4% | 172534 | 56.4% | 55838 | 18.2% | 33915 | 11.1% | 17405 | 5.7% | 3679 | 1.2% | 306152 |
| 2008 | 25664 | 7.5% | 217885 | 63.9% | 27128 | 8.0% | 36741 | 10.8% | 22970 | 6.7% | 10516 | 3.1% | 340904 |
| 2009 | 28684 | 6.1% | 260772 | 55.9% | 90755 | 19.5% | 45361 | 9.7% | 26683 | 5.7% | 14262 | 3.1% | 466517 |
| 2010 | 33471 | 6.1% | 303303 | 55.5% | 115866 | 21.2% | 46219 | 8.5% | 32617 | 6.0% | 15164 | 2.8% | 546640 |
| 2011 | 38061 | 6.4% | 343636 | 58.2% | 98953 | 16.8% | 54932 | 9.3% | 37470 | 6.3% | 17386 | 2.9% | 590438 |
| 2012 | 40995 | 6.0% | 399551 | 58.2% | 108995 | 15.9% | 68468 | 10.0% | 43343 | 6.3% | 25551 | 3.7% | 686903 |

资料来源：根据《中国统计年鉴》《中国金融统计年鉴》《中国劳动统计年鉴》《中国保险年鉴》整理得出。

虽然我国家庭金融资产配置呈现以储蓄为主的多元化发展趋势，但就非风险性金融资产和风险性金融资产的比例来看，非风险性金融资产（现金、银行存款）的比重有所下降，但仍然很高，占 60% 以上，风险性资产有所上升，但比重依然很低，占 40% 以下，股票资产占 14.7%；

与美国相比，我国家庭金融资产配置的风险化程度较低，美国家庭非风险性金融资产的比重呈下降趋势，比重从 1992 年的 40.8% 下降至 2010 年的 24.4%（参见表 3-1①）。由此可见，我国家庭金融资产选择的风险化程度较低。

从股票持有中介化情况来看，我国家庭间接持股比例呈现出较快的上升趋势，从 2003 年的 2.4% 上升到 2007 年的 18%，但家庭间接持股比例仍远低于直接持股比例，间接持股较直接持股 2003 年低了 8.8%，2007 年低了 7%（见表 3-44）。而美国家庭日益通过共同基金和养老基金等中介机构投资于股票市场，共同基金和退休账户所占比重从 1992 年的 33.4% 上升至 2010 年的 53.1%，而直接投资股票市场的比重呈先上升后下降的趋势，从 1992 年的 16.5% 上升到 1998 年的 22.7%，之后下降至 2010 年的 14%（参见表 3-1）。

表 3-44　　　　　　　我国家庭持有股票的方式（按家庭比例）　　　　单位：%

| 类型 | 2003 年 | 2005 年 | 2006 年 | 2007 年 |
|---|---|---|---|---|
| 直接持有股票 | 11.2 | 18.0 | 33 | 25 |
| 间接持有股票（基金） | 2.4 | 6.5 | 11 | 18 |

资料来源：2003 年数据来源于黄朗辉、孟庆欣等：《家庭金融资产的分布》；其余年份数据根据北京奥尔多投资咨询中心的"投资者行为调查"数据计算得出。

综上所述，与发达国家家庭资产选择呈现金融化、风险化和中介化的特征相比，我国家庭金融资产选择呈现出以储蓄为主、风险化较低的异质性特征，具体表现为：（1）虽然家庭资产选择呈现出金融化的趋势，但金融资产在总资产中的比例依然非常低，金融化程度低；（2）家庭金融资产选择日趋风险化，但风险性金融资产在金融资产中的占比较低，风险化程度低；（3）储蓄资产仍是家庭最主要的金融资产，家庭股市参与率较低，通过中介金融机构（如基金公司）间接持有股票的比例更低。

---

①　非风险资产由表 3-1 中交易债券、储蓄账户、储蓄性债券、债券和人寿保险折现值五项之和计算得出。

# 四、本章小结

欧美等发达国家的家庭资产选择呈现出金融化、风险化和中介化特征，与欧美等发达国家相比，我国家庭金融资产选择呈现出以储蓄为主、风险化较低的异质性特征，具体表现为：（1）虽然家庭资产选择呈现出金融化的趋势，但金融资产在总资产中的比例依然非常低，金融化程度低；（2）家庭金融资产选择日趋风险化，但风险性金融资产在金融资产中的占比较低，风险化程度低；（3）储蓄资产仍是家庭最主要的金融资产，家庭股市参与率较低，通过中介金融机构（如基金公司）间接持有股票的比例更低。

# 第四章

# 社会网络与家庭股票市场参与

## 一、引　言

　　家庭如何在不确定性环境下使用各类金融工具实现其财富目标，这是金融研究的核心问题之一（Campbell，2006）[①]。家庭是重要的微观主体，家庭拥有的金融资产是经济金融化水平的重要标志，股票则是金融资产的重要组成部分，居民积极参与股市将有力地推动股票市场的发展，进而促进经济发展（Becker and Levine，2004）。因此，对家庭股票市场参与问题的研究具有重要的意义。

　　传统资产选择理论以理性人、完全市场、标准偏好为假设前提，在此基础上研究得出家庭投资比例仅取决于投资者的风险偏好，所有投资者都会将一定比例的财富投资于所有股票（Markowitz，1952；Samuelson，1969；Tobin，1958；Sharpe，1964）。然而，实证研究表明，美国和英国的股市参与率 1989 年分别为 7.9% 和 20.7%、1994 年为 34.1% 和 22.2%、1999 年为 39.8% 和 26.2%（Banks et al.，2001）；意大利家庭收入与财富调查显示家庭股市参与率分别为 1989 年的 6.4%、1995 年的 7.7%、1998 年的 8.9%；日本的股市参与率分别为 1990 年的 26.5%、

---

　　① 坎佩尔（Campbell，2006）提出将家庭金融独立出来进行单独研究，与传统的资产定价与公司金融等研究齐头并进。家庭金融作为金融学研究的一个新兴重要领域，重点关注家庭实际的资产配置和负债行为，他着重讨论了家庭常见的三类投资错误：未参与股市投资（Fail to Participate）、未分散投资（Fail to Diversify）以及未进行住房抵押贷款再融资（Fail to Refinance Mortgage）。他认为，如果放弃显示性偏好理论，那么行为金融理论描述了现实中的家庭金融行为，而传统的金融理论描述了最优的家庭金融行为，后者是可以通过教育投资者来实现的。

1995 年的 24.0% 、1999 年的 25.2% （Iwaisako，2003）；甘犁、尹志超等（2012）运用中国家庭金融调查数据发现中国家庭的股票市场参与率为 8.84%。在现实中许多人根本不投资于股票，即使参与股票市场的投资者也并非持有市场中所有类型股票，现实数据远远低于理论上的最优风险资产持有份额。家庭对股票市场参与的这种现象被称为"有限参与"之谜。

作为一个重视"关系"的传统国家，中国所普遍存在的社会网络会对人们的生产经营活动产生重要的影响。张和李（Zhang and Li，2003）发现，来自亲戚朋友的帮助有助于居民工作的获取；奈特和岳（Knight and Yueh，2008）认为，对于中国这样一个尚处于转型期的国家来说，衡量社会网络强弱的个人政治身份指标（如是否为中共党员）与行政职务指标（如是否担任干部）等也可能会为自己与其他家庭成员带来好处；孟希和罗森茨魏希（Munshi and Rosenzweig，2006）研究发现，社会网络能有效地增加居民收入、促进就业。

流动性约束和交易成本是解释股票"有限参与"之谜的重要因素（Guiso，1996），而社会网络有助于缓解流动性约束，并降低交易成本（杨汝岱等，2011；胡枫，2012）。由于家庭的社会网络能够提供互惠的帮助，社会关系越多的家庭在遭受冲击时往往越容易寻求并获得帮助（Yang，1994），同时，社会网络在金融交易中有类似抵押品的功能（Biggart and Castanias，2001），因此，社会网络有助于缓解流动性约束。这主要是因为：首先，社会网络中的成员往往居住临近或交往频繁，相互监督的成本较低，这有效地缓解了信贷中的道德风险问题，提高了借款者的还款激励（Karlan，2007）；其次，社会网络中的成员彼此之间非常了解，高风险的借款人可以被识别出来并被排除出金融市场，这将有效降低逆向选择问题（Ghatak，1999）；最后，社会网络能够实施一定的社会制裁，使违约者遭受声誉损失，甚至被排除在网络之外，进而降低违约的概率（Karlan and Morduch，2010）。另一方面，社会网络能够降低交易成本并提供更广泛的信息（李培林，1996）。本章假设社会网络可以通过降低不确定性，缓解流动性约束，从而有助于家庭参与股市。关于社会网络对股市参与的实证研究却并不多见。本章将基于中国家庭金融调查的微观数据，研究社会网络对家庭参与股市的影响。

此外，也有文献涉及了社会网络作用的动态变化。在一个社会发展的早期，社会资本的作用一般很有效，但当社会发展到一定阶段，市场的力量可能削弱社会资本作为非正式制度的作用（Stigliz，2000；Dixit，2003；Krishna and Matsusaka，2009）。杜尔劳夫和法肯姆普斯（Durlauf and Faf-champs，2004）认为社会资本的作用取决于正式制度的发展，市场化和经济发展使劳动力从农村流入城市，这减弱了村民间的互动，从而削弱了社会资本的作用。杨汝岱等（2011）对中国农村的研究得到了相似的结论，他们认为社会资本是穷人的资本，随着社会转型和经济发展社会资本的作用会逐渐弱化。张爽等（2007）认为社会资本作为一种非市场力量，其减少贫困的作用会随着市场化程度的提高而减弱。以上文献都认为社会网络的作用将随着经济金融的发展而减弱，但是，也有研究发现，随着经济发展，社会网络的作用会增强。奈特和岳（Knight and Yueh，2002）的研究发现，随着市场化程度的提高，个人层面的社会资本将在市场机制下发挥更大的作用。罗娜 - 陶什（Rona - Tas，1994）提出了"权力持续"理论：在市场转型过程中，再分配体制[①]下形成的权力持续发生作用，即传统的精英阶层将利用其过去权力经营的社会网络关系，在转型过程中继续获得高回报。

　　本章基于中国家庭金融调查微观数据进行的实证研究发现，社会网络越发达的家庭，股市参与率越高，股票资产在金融资产中的占比也越高。在考虑了社会网络的内生性后，社会网络对股市参与和股票资产占比的影响依然非常显著。本章进一步还发现，随着我国金融业的发展，社会网络对股市参与影响的作用增强，这表明社会网络作为一种非市场力量在市场机制中依然发挥重要作用。本章对社会网络和股市参与及家庭金融资产配置之间的关系提供了新的证据，证实社会网络通过缓解流动性约束、降低信息费用等途径促进家庭参与股市，本章还发现金融市场的发展会强化社会网络对股市参与的影响，这也为理解社会网络和股市参与关系的动态变化提供了新的证据。

　　本章接下来的部分是这样安排的：第二部分介绍模型设定与变量选取；第三部分讨论社会网络对股市参与率的影响；第四部分讨论社会网络对股市参与深度的影响；第五部分进一步讨论金融发展、社会网络与股市参与；第六部分为本章小结。

---

　　① 再分配体制（Redistributive system）指由国家政治权力支配的非市场贸易，与市场机制相对应。

# 二、模型设定与变量选取

## （一）模型设定

本章目的是实证检验社会网络对家庭股市参与的影响，具体而言，我们将考察社会网络对家庭股市参与率和参与深度的影响。估计家庭股市参与的简化模型为：

$$stock_i = \alpha snw_i + \beta X_i + u_i \qquad\qquad (4-1)$$

模型（4-1）中，$snw_i$ 是本章关注的解释变量社会网络（Social Network）；$X_i$ 表示其他解释变量，$u_i$ 表示残差项。$stock_i$ 表示家庭股市参与，有两重含义：一是是否参与股市；二是股票资产在金融资产中的比重，我们将该比重称为家庭对股票市场参与的深度。因此，模型（4-1）可以进一步细化为两个模型。本章首先建立 Probit 模型考察社会网络对家庭股市参与率的影响：

$$Prob(stock_i = 1) = \Phi(\alpha snw_i + \beta X_i + u_i) \qquad (4-2)$$

其中，$stock_i$ 是家庭股市参与哑变量，当家庭参与股市，取值为 1，否则为 0。当居民持有股票时，家庭股票投资在金融资产中的比重是一个可以观测的变量；但居民不参与股市时，投资比重是不可观测的，此时，以它作为被解释变量时，经典的线性回归模型不再适用，在这种截断数据[①]的情况下，Tobit 模型是有效的计量模型。因此，本章使用 Tobit 模型进一步估计社会网络对股票在金融资产中占比的影响。

$$stock\_ratio_i^* = \alpha snw_i + \beta X_i + u_i$$

$$stock\_ratio_i = \max(0, stock\_ratio_i^*) \qquad (4-3)$$

模型（4-3）中，$stock\_ratio_i$ 表示股票资产占金融资产之比。本章将用上述模型研究社会网络对家庭股市参与深度的影响。

---

① 截断数据（censored data），也称检查数据、删失数据，指当变量处于某一范围内时，样本观测值都用同一个相同的值代替。

## （二）选取变量

本章以下分析所用数据来自"中国家庭金融调查中心"2011 年 8 月在全国范围内调查获得的中国家庭金融调查数据（China Household Finance Survey，CHFS）。在这一部分，将依次讨论本章使用的因变量和自变量（包括关注变量和其他自变量）。

为了分析股市有限参与的原因，本章先后选取以下两个因变量，首先是家庭是否持有股票的虚拟变量，持有股票则取值为 1，反之则为 0。

关于自变量，首先，我们对关注变量社会网络进行讨论。社会网络难以直接观察和测量，因此必须选取合适的代理变量进行实证研究①。中国家庭的社会网络主要基于亲友邻里关系，而亲友邻里之间互动的重要方式是节假日、红白喜事的礼金往来，王卫东（2009）证明了春节拜年网是测度中国家庭社会网络最有效的工具。因此，本章借鉴马光荣和杨恩燕（2011）、杨汝岱等（2011）的方法，选取家庭礼金支出作为社会网络的代理变量。一方面，礼金支出的多少能够体现家庭社会网络的规模、社会网络的紧密程度及社会网络的支持能力。另一方面，家庭的礼金支出可以看作是家庭对社会网络的投资和维持。另外，礼金往来既包括礼金的支出又包括礼金的收入，这主要考虑到社会网络不仅仅是单向的活动，而是一个互动的过程。电话、网络等通信费用则从一定程度上反映了亲友之间交流的频率和交往的紧密程度。因此，我们将使用礼金往来、礼金收入和通信费用作为社会网络的代理变量。

关于社会网络的具体度量，在 CHFS 的调查问卷中，在支出方面，询问了家庭（1）"春节、中秋节等节假日礼金支出为多少元？"（2）"红白喜事及生日礼金支出为多少元？"以及（3）"您家上个月的电话、网络等通信费共多少元？"，相应地，在收入方面，询问了家庭（4）"春节、中秋节等节假日礼金收入为多少元？"（5）"红白喜事及生日礼金收入为多少元？"礼金支出为（1）和（2）相加的和；礼金往来为（1）、（2）、（4）和（5）相加的和；礼金收入为（4）和（5）相加的和；通信费用为（3）。

---

① 对于家庭社会网络代理变量的选取，Knight and Yueh（2002）认为中国家庭拥有的社会网络主要基于家庭的亲友关系，因此他们选取家庭所拥有的亲友数量作为社会网络的代理变量；张爽等（2007）进一步使用家庭有几家关系密切的亲友分别在政府、学校和医院工作作为社会网络的代理变量；陈雨露等（2009）采用家里是否有人担任领导、家里是否有党员、是否有亲戚在城市定居三个变量作为其代理变量。

其他控制变量有：家庭特征变量，包括家庭规模、家庭总资产，家庭收入，其中，家庭收入是指家庭劳动收入，家庭总资产和家庭收入均取了对数。户主特征变量，包括年龄、性别、受教育程度、户籍、政治面貌、民族、风险态度、健康状况、养老保险等。其中，根据古斯和帕拉（Gusio and Paiella，2004）、库尔曼和西格尔（Kullmann and Siegel，2005）、菲戈和舒姆（Faig and Shum，2006）等研究，年龄与股票投资之间的关系是非线性的，因此在模型中引入了年龄的平方。性别为虚拟变量，男性则取值为1，否则为0。受教育程度分为小学以下、小学、初中、高中、大专、本科和研究生以上，以小学以下为参照组引入6个虚拟变量。户籍为虚拟变量，农业户口为1，城镇户口为0。政治面貌为虚拟变量，中共党员为1，其他为0。民族为虚拟变量，汉族为1，其他为0。关于风险态度，CHFS中问题是"如果您有一笔资产，将选择哪种投资项目？选项分别是：（1）高风险，高回报项目；（2）略高风险，略高回报项目；（3）平均风险，平均回报项目；（4）略低风险，略低回报项目；（5）不愿意承担任何风险"。本章将选项（1）和（2）界定为风险偏好，将选项（3）界定为风险中性，将选项（4）和（5）界定为风险厌恶。以风险中性为参照组，引入风险偏好和风险厌恶两个哑变量。健康状况是虚拟变量，以身体状况一般为参照组引入身体状况良好和身体状况差两个虚拟变量。养老保险为虚拟变量，有养老保险取值为1，反之为0。此外，为了控制区域差异，本章还引入了地区哑变量。表4－1为变量的描述性统计结果。

**表4－1**　　　　　　　　　**变量的统计描述**

| 变量名称 | 平均数 | 标准偏差 | 最小值 | 最大值 |
| --- | --- | --- | --- | --- |
| **股市参与：** | | | | |
| 家庭持有股票 | 0.088 | 0.284 | 0 | 1 |
| 股票资产占金融资产比重 | 0.028 | 0.1197 | 0 | 0.9954 |
| **社会网络：** | | | | |
| 礼金支出（元） | 3036 | 7413 | 0 | 300000 |
| 礼金往来（元） | 4373 | 10017 | 0 | 315000 |
| 礼金收入（元） | 1336 | 5475 | 0 | 180000 |
| 通信费用（元） | 352.2 | 741.7 | 0 | 25000 |

续表

| 变量名称 | 平均数 | 标准偏差 | 最小值 | 最大值 |
|---|---|---|---|---|
| **家庭特征：** | | | | |
| 家庭资产（元） | 797824 | 1.14e+07 | 0 | 1.00e+09 |
| 家庭收入（元） | 67465 | 244613 | 0 | 2.379e+06 |
| 家庭规模 | 3.477 | 1.547 | 1 | 18 |
| **户主特征：** | | | | |
| 年龄 | 50.94 | 14.07 | 5 | 112 |
| 男性 | 0.731 | 0.443 | 0 | 1 |
| 少数民族 | 0.0995 | 0.299 | 0 | 1 |
| 已婚 | 0.864 | 0.343 | 0 | 1 |
| 小学 | 0.230 | 0.421 | 0 | 1 |
| 初中 | 0.329 | 0.470 | 0 | 1 |
| 高中 | 0.201 | 0.401 | 0 | 1 |
| 大专 | 0.0745 | 0.263 | 0 | 1 |
| 本科 | 0.0683 | 0.252 | 0 | 1 |
| 研究生及以上 | 0.0113 | 0.106 | 0 | 1 |
| 党员 | 0.157 | 0.364 | 0 | 1 |
| 农业户籍 | 0.526 | 0.499 | 0 | 1 |
| 风险偏好 | 0.133 | 0.340 | 0 | 1 |
| 风险厌恶 | 0.597 | 0.491 | 0 | 1 |
| 身体状况良好 | 0.362 | 0.480 | 0 | 1 |
| 身体状况差 | 0.125 | 0.331 | 0 | 1 |
| 有养老保险 | 0.457 | 0.498 | 0 | 1 |

从表4-1可知，我们的样本中有8.8%的家庭参与了股票市场投资，股票资产占金融资产比重平均只有2.7%。因此，中国家庭股市参与率较低，投资于股票上的资金较少。中国家庭存在对股票市场的"有限参与"。

表4-2对比了参与股市家庭和没有参与股市家庭在社会网络收支方面的差异。

表 4 - 2　　　　　　　　　社会网络与股市参与

| | 参与股市家庭 | | 未参与股市家庭 | |
|---|---|---|---|---|
| | 平均数 | 中位数 | 平均数 | 中位数 |
| 礼金支出（元） | 6078.9 | 3500 | 2741.5 | 1200 |
| 礼金往来（元） | 8357.6 | 4500 | 3986.5 | 1900 |
| 礼金收入（元） | 4833.7 | 2000 | 2401.0 | 1000 |
| 通信费用（元） | 816.6 | 480 | 307.2 | 150 |

从表 4 - 2 中可知，参与股市家庭的礼金支出、礼金往来、礼金收入和通信费用平均数分别为 6078.9 元、8357.6 元、4833.7 元和 816.6 元，中位数分别为 3500 元、4500 元、2000 元和 480 元。没有参与股市家庭这几项指标的平均数分别为 2741.5 元、3986.5 元、2401.0 元和 307.2 元，中位数分别为 1200 元、1900 元、1000 元和 150 元。参与股市家庭和没有参与股市家庭在社会网络方面的收支差异显著，前者用于支持和维系社会网络的收入和支出远远大于后者。表 4 - 2 是社会网络变量的水平值，在后面的估计中该变量都取了对数。

# 三、社会网络对股市参与率的影响

下面分别用礼金支出、礼金收入、礼金往来、通信费用作为社会网络的代理变量，估计社会网络对家庭股市参与率的影响。表 4 - 3 是 Probit 模型估计结果。

表 4 - 3　　　　　　社会网络与股市参与：Probit 模型估计

| | 被解释变量：股市参与 | | | |
|---|---|---|---|---|
| | （1） | （2） | （3） | （4） |
| **社会网络** | | | | |
| ln（礼金支出） | 0.0293 *** | | | |
| | (0.00788) | | | |

续表

| | 被解释变量：股市参与 | | | |
|---|---|---|---|---|
| | （1） | （2） | （3） | （4） |
| **社会网络** | | | | |
| ln（礼金往来） | | 0.0350 *** | | |
| | | (0.00847) | | |
| ln（礼金收入） | | | 0.0356 *** | |
| | | | (0.00883) | |
| ln（通信费用） | | | | 0.178 *** |
| | | | | (0.0322) |
| **家庭特征** | | | | |
| ln（收入） | 0.0337 *** | 0.0340 *** | 0.0341 *** | 0.0342 *** |
| | (0.00635) | (0.00636) | (0.00637) | (0.00644) |
| ln（资产） | 0.284 *** | 0.283 *** | 0.283 *** | 0.259 *** |
| | (0.0224) | (0.0224) | (0.0223) | (0.0227) |
| 家庭规模 | −0.0239 | −0.0245 | −0.0223 | −0.0471 ** |
| | (0.0200) | (0.0200) | (0.0199) | (0.0204) |
| **户主特征** | | | | |
| 年龄 | 0.0479 *** | 0.0490 *** | 0.0489 *** | 0.0448 *** |
| | (0.0125) | (0.0126) | (0.0126) | (0.0123) |
| 年龄的平方 | −0.000533 *** | −0.000544 *** | −0.000545 *** | −0.000473 *** |
| | (0.000122) | (0.000123) | (0.000123) | (0.000121) |
| 男性 | −0.0630 | −0.0630 | −0.0630 | −0.0532 |
| | (0.0536) | (0.0536) | (0.0535) | (0.0537) |
| 已婚 | −0.0505 | −0.0551 | −0.0526 | −0.0305 |
| | (0.0833) | (0.0833) | (0.0833) | (0.0833) |
| 小学 | 0.186 | 0.189 | 0.187 | 0.173 |
| | (0.218) | (0.218) | (0.217) | (0.221) |
| 初中 | 0.408 ** | 0.411 ** | 0.406 ** | 0.378 * |
| | (0.204) | (0.204) | (0.203) | (0.207) |

| | 被解释变量：股市参与 | | | |
|---|---|---|---|---|
| | （1） | （2） | （3） | （4） |
| **户主特征** | | | | |
| 高中 | 0.628 *** | 0.631 *** | 0.625 *** | 0.568 *** |
| | （0.204） | （0.204） | （0.203） | （0.207） |
| 大专 | 0.761 *** | 0.764 *** | 0.760 *** | 0.680 *** |
| | （0.211） | （0.210） | （0.210） | （0.214） |
| 本科 | 0.794 *** | 0.797 *** | 0.794 *** | 0.723 *** |
| | （0.214） | （0.214） | （0.213） | （0.216） |
| 研究生及以上 | 0.874 *** | 0.867 *** | 0.857 *** | 0.768 *** |
| | （0.252） | （0.251） | （0.251） | （0.256） |
| 党员 | −0.0225 | −0.0213 | −0.0217 | −0.0129 |
| | （0.0616） | （0.0615） | （0.0614） | （0.0612） |
| 农业户籍 | −0.566 *** | −0.566 *** | −0.565 *** | −0.566 *** |
| | （0.0687） | （0.0687） | （0.0687） | （0.0695） |
| 少数民族 | 0.150 * | 0.146 | 0.148 * | 0.113 |
| | （0.0888） | （0.0891） | （0.0890） | （0.0896） |
| 风险偏好 | 0.363 *** | 0.364 *** | 0.363 *** | 0.359 *** |
| | （0.0649） | （0.0650） | （0.0650） | （0.0652） |
| 风险厌恶 | −0.248 *** | −0.250 *** | −0.251 *** | −0.234 *** |
| | （0.0578） | （0.0578） | （0.0578） | （0.0582） |
| 健康状况良好 | −0.0701 | −0.0700 | −0.0689 | −0.0767 |
| | （0.0537） | （0.0537） | （0.0537） | （0.0539） |
| 健康状况差 | 0.0725 | 0.0728 | 0.0723 | 0.0755 |
| | （0.0857） | （0.0858） | （0.0858） | （0.0859） |
| 有养老保险 | 0.170 *** | 0.168 *** | 0.169 *** | 0.167 *** |
| | （0.0619） | （0.0621） | （0.0621） | （0.0624） |
| **地区变量** | | | | |
| 东部 | 0.167 *** | 0.169 *** | 0.166 *** | 0.123 * |
| | （0.0633） | （0.0635） | （0.0633） | （0.0630） |

续表

| | 被解释变量：股市参与 | | | |
|---|---|---|---|---|
| | (1) | (2) | (3) | (4) |
| **地区变量** | | | | |
| 西部 | -0.0976 | -0.0952 | -0.0949 | -0.111 |
| | (0.0805) | (0.0807) | (0.0806) | (0.0808) |
| 常数项 | -6.725 *** | -6.798 *** | -6.785 *** | -6.961 *** |
| | (0.466) | (0.468) | (0.467) | (0.460) |
| 地区变量 N | 8433 | 8433 | 8433 | 8433 |
| Pseudo $R^2$ | 0.3087 | 0.3095 | 0.3092 | 0.3142 |

注：① *** 表示结果在 1% 的置信水平下显著，** 表示结果在 5% 的置信水平下显著，* 表示结果在 10% 的置信水平下显著。②表中报告的是边际效应（Marginal Effects）。③报告的标准差是稳健标准差（Robust Standard Error）。本章以下各表同。

表 4 - 3 第（1）列中，礼金支出的系数为 0.0293，在 1% 置信水平下显著；第（2）列中礼金往来的系数为 0.0350，在 1% 的置信水平下显著；第（3）列中礼金收入的系数为 0.0356，在 1% 的置信水平下显著；第（4）列中通信费用的系数为 0.178，在 1% 的置信水平下显著。因此，社会网络对家庭股票市场参与具有显著的正向影响。

在家庭特征变量中，家庭收入和资产均对股市参与有显著的正向影响；家庭规模对股市参与的影响在四个估计中系数均为负，但只在第（4）列显著。在户主特征变量中，年龄对股市参与具有显著的正向影响，年龄平方的系数显著为负。因此，年龄与股市参与呈非线性的变化关系，随着年龄增长，股市参与增长率逐渐变小。户主性别和婚姻状况对股市参与没有显著影响。户主受教育情况对家庭股市参与具有显著的正向影响，小学不显著，初中在 5% 的水平上显著，高中以上在 1% 的水平上显著，且估计系数随着教育水平的提高而逐渐增大，说明受教育程度对股市参与有显著的正效应。户主的党员身份对股市参与没有显著影响。户主为农业户籍的家庭股市参与率显著低于非农家庭，这与炒股家庭主要集中在城市是一致的。户主的民族对股市参与有显著正的影响。风险态度对家庭股市参与的影响在 1% 置信水平下显著，其中风险偏好有正的影响，风险厌恶有负的影响，这与洪等（Hong et al.，2004）和圭索等（Guiso et al.，2007）等的结论相同。户主健康状况对股市参与没有显著影响。户主有养老保险的家庭股市参与显著高于没有养老保险的家庭，这表明未来不确定性对家庭资产配置具有重要影响，会降低股市参与率。区域变量中，东部的系数在1%的置信水平下显著，表明相对于中部，东部的家庭更有可能参与股市，西部的系数不显著。因此，东部和中西部家庭股市参与的差异比较明显。

表4-3的估计是在假设社会网络为外生变量的前提下进行的，然而，社会网络可能存在一定的内生性。社会网络内生性的来源有两方面：一种可能是由遗漏变量引起的，比如家庭不可观测的传统和偏好导致家庭更注重对社会网络的建立；另一种可能是股市参与和社会网络之间存在双向交互影响，参与股市的家庭可能更需要建立社会网络来获取市场信息，并且参与股市的家庭比未参与的家庭更富有导致其礼金往来金额较大、通信费用较高。如果内生性问题存在，那么直接估计会导致参数估计量的不一致并且有偏。为了解决可能存在的内生性问题，我们选取工具变量进行两阶段估计。杨汝岱等（2011）使用本村户均礼金支出作为家庭礼金支出工具变量。为了避免家庭礼金支出对社会平均礼金支出的影响，本章使用社区内除本家庭以外其他家庭礼金支出的平均数作为社会网络的工具变量。该工具变量在一定程度上反映了该社区的礼金支出习俗，将影响到家庭的礼金支出，但不直接对家庭是否参与股市产生影响，而且除本家庭以外的户均礼金支出与家庭传统、偏好、财富等变量无关。表4-4是对工具变量的检验结果。

表4-4　　　　　　　　　　　　工具变量的检验

| | （1） | （2） | （3） | （4） |
|---|---|---|---|---|
| | 礼金支出 | 礼金往来 | 礼金收入 | 通信费用 |
| **第一阶段弱工具变量检验** | | | | |
| Cragg - Donald F 统计量 | 50.96 | 52.41 | 52.84 | 44.21 |
| Stock - Yogo bias critical value | 16.38（10%） | 16.38（10%） | 16.38（10%） | 16.38（10%） |
| **内生性检验（Endogeneity Test）** | | | | |
| Hausman Chi-sq 检验 | 595.55 | 511.30 | 581.52 | 272.06 |
| P-value | 0.0000 | 0.0000 | 0.0000 | 0.0000 |

表4-4中，第（1）、（2）、（3）列分别使用社区内除本家庭外的户

均礼金支出作为工具变量检验社会网络四个代理变量的适用性。第（1）列中第一阶段弱工具变量检验 Cragg – Donald F 统计量为 50.96，大于 Stock – Yogo 在 10% 偏误下的临界值 16.38，说明不存在弱工具变量问题；Hausman 内生性检验结果为 595.55，拒绝家庭礼金支出是外生变量的假设，即家庭礼金支出是内生性变量，需要使用工具变量进行估计。第（2）列中 Cragg – Donald F 统计量为 52.41，大于 Stock – Yogo 在 10% 偏误下的临界值值 16.38，说明不存在弱工具变量问题；Hausman 内生性检验结果为 511.3，拒绝家庭礼金往来金额是外生变量的假设。第（3）列中 Cragg – Donald F 统计量为 52.84，大于 Stock – Yogo 在 10% 偏误下的临界值 16.38，说明不存在弱工具变量问题；Hausman 内生性检验结果为 581.52，拒绝礼金收入是外生变量的假设。第（4）列中 Cragg – Donald F 统计量为 44.21，大于 Stock – Yogo 在 10% 偏误下的临界值 16.38，说明不存在弱工具变量问题；Hausman 内生性检验结果为 272.06，拒绝通信费是外生变量的假设。因此，选用除本家庭以外的户均礼金支出作为社会网络的工具变量是必要且合适的。表 4 – 5 是用工具变量进行两阶段估计的结果。

表 4 – 5　　　　　　　社会网络和股市参与：IV – Probit 估计

| | 被解释变量：股市参与 | | | |
| --- | --- | --- | --- | --- |
| | （1） | （2） | （3） | （4） |
| **社会网络** | | | | |
| ln（礼金支出） | 0.294 *** | | | |
| | (0.00759) | | | |
| ln（礼金往来） | | 0.303 *** | | |
| | | (0.00936) | | |
| ln（礼金收入） | | | 0.327 *** | |
| | | | (0.00857) | |
| ln（通信费用） | | | | 0.870 *** |
| | | | | (0.0344) |

注：回归中所有控制变量均包含了表 4 中所包括的控制变量，为了节省篇幅，除社会网络变量外，没有报告其他控制变量的结果。

从表 4 – 5 可知，在考虑了社会网络内生性后，礼金支出的系数为

0.294，在1%置信水平下显著；礼金往来的系数为0.303，在1%置信水平下显著；礼金收入的系数为0.327，在1%置信水平下显著；通信费用的系数为0.870，在1%置信水平下显著。和表5-3的估计结果比较可知，两阶段工具变量估计中社会网络变量的估计系数显著提高，这说明内生性确实对估计参数产生了重要影响，工具变量估计结果更加可信。表5-5的结果进一步表明，社会网络对家庭股市参与具有显著的促进作用。

综合表4-3和表4-5的估计结果，用礼金支出、礼金往来、礼金收入和通信费用衡量的社会网络对家庭股市参与均具有非常显著的正向影响，即社会网络越发达的家庭参与股票市场的概率越高。有意思的是，无论在表4-3还是在表4-5的估计中，通信费用对股市参与的影响都远远大于其他三个指标，这表明，在现代社会，通讯活动在社会交往中扮演着越来越重要的角色，对家庭金融行为的影响也更大。由于礼金收入可以为家庭提供流动性，从而缓解家庭面临的流动性约束；而通讯往来则可以为家庭提供直接的信息，更加有利于家庭获得金融市场的信息，缓解参与金融市场面临的信息不对称。因此，社会网络可以通过缓解家庭流动性约束、降低信息成本、缓解信息不对称，从而促进家庭参与股票市场。

# 四、社会网络对股市参与深度的影响

前面考察了社会网络对家庭参与股市具有显著的正向影响。实际上，社会网络还可能对家庭参与股市的深度产生影响。下面我们用股票资产占金融资产的比重作为家庭参与股市深度的衡量指标，进一步估计社会网络对家庭股市参与深度的影响，估计结果如表4-6所示。

表4-6　　　　　　　社会网络与股市参与深度：Tobit 模型估计

| | 被解释变量：股票资产占金融资产的比重 | | | |
|---|---|---|---|---|
| | （1） | （2） | （3） | （4） |
| **社会网络** | | | | |
| ln（礼金支出） | 0.0166 *** | | | |
| | （0.00487） | | | |

续表

| | 被解释变量：股票资产占金融资产的比重 | | | |
|---|---|---|---|---|
| | （1） | （2） | （3） | （4） |
| **社会网络** | | | | |
| ln（礼金往来） | | 0.0187 *** | | |
| | | (0.00519) | | |
| ln（礼金收入） | | | 0.0190 *** | |
| | | | (0.00540) | |
| ln（通信费用） | | | | 0.104 *** |
| | | | | (0.0193) |
| **家庭特征** | | | | |
| ln（收入） | 0.0206 *** | 0.0207 *** | 0.0208 *** | 0.0208 *** |
| | (0.00398) | (0.00399) | (0.00399) | (0.00399) |
| ln（资产） | 0.151 *** | 0.150 *** | 0.151 *** | 0.135 *** |
| | (0.0135) | (0.0135) | (0.0135) | (0.0136) |
| 家庭规模 | −0.0119 | −0.0121 | −0.0109 | −0.0254 ** |
| | (0.0122) | (0.0122) | (0.0122) | (0.0123) |
| **户主特征** | | | | |
| 年龄 | 0.0267 *** | 0.0273 *** | 0.0273 *** | 0.0250 *** |
| | (0.00793) | (0.00797) | (0.00796) | (0.00777) |
| 年龄的平方 | −0.000281 *** | −0.000287 *** | −0.000288 *** | −0.000247 *** |
| | $(7.74e-05)$ | $(7.77e-05)$ | $(7.77e-05)$ | $(7.61e-05)$ |
| 男性 | −0.0302 | −0.0304 | −0.0301 | −0.0238 |
| | (0.0324) | (0.0323) | (0.0323) | (0.0321) |
| 已婚 | −0.0198 | −0.0218 | −0.0206 | −0.0105 |
| | (0.0513) | (0.0513) | (0.0513) | (0.0508) |
| 小学 | 0.143 | 0.145 | 0.144 | 0.138 |
| | (0.138) | (0.137) | (0.137) | (0.138) |
| 初中 | 0.267 ** | 0.268 ** | 0.266 ** | 0.248 * |
| | (0.128) | (0.128) | (0.127) | (0.128) |

续表

| | 被解释变量：股票资产占金融资产的比重 | | | |
|---|---|---|---|---|
| | （1） | （2） | （3） | （4） |
| **户主特征** | | | | |
| 高中 | 0.352 *** | 0.353 *** | 0.350 *** | 0.316 ** |
| | （0.128） | （0.127） | （0.127） | （0.128） |
| 大专 | 0.436 *** | 0.436 *** | 0.435 *** | 0.388 *** |
| | （0.131） | （0.131） | （0.131） | （0.132） |
| 本科 | 0.396 *** | 0.396 *** | 0.395 *** | 0.352 *** |
| | （0.132） | （0.132） | （0.132） | （0.133） |
| 研究生及以上 | 0.432 *** | 0.425 *** | 0.420 *** | 0.373 ** |
| | （0.152） | （0.152） | （0.152） | （0.153） |
| 党员 | − 0.0336 | − 0.0322 | − 0.0323 | − 0.0271 |
| | （0.0378） | （0.0376） | （0.0376） | （0.0373） |
| 农业户籍 | − 0.361 *** | − 0.360 *** | − 0.360 *** | − 0.357 *** |
| | （0.0450） | （0.0451） | （0.0451） | （0.0449） |
| 少数民族 | 0.105 * | 0.102 * | 0.103 * | 0.0828 |
| | （0.0550） | （0.0550） | （0.0550） | （0.0551） |
| 风险偏好 | 0.207 *** | 0.208 *** | 0.208 *** | 0.205 *** |
| | （0.0385） | （0.0385） | （0.0385） | （0.0385） |
| 风险厌恶 | − 0.149 *** | − 0.150 *** | − 0.151 *** | − 0.138 *** |
| | （0.0357） | （0.0357） | （0.0357） | （0.0355） |
| 健康状况良好 | − 0.00909 | − 0.00869 | − 0.00798 | − 0.0147 |
| | （0.0323） | （0.0323） | （0.0323） | （0.0322） |
| 健康状况差 | − 0.0164 | − 0.0163 | − 0.0170 | − 0.0151 |
| | （0.0559） | （0.0558） | （0.0558） | （0.0556） |
| 有养老保险 | 0.129 *** | 0.128 *** | 0.129 *** | 0.127 *** |
| | （0.0390） | （0.0391） | （0.0391） | （0.0390） |
| **地区变量** | | | | |
| 东部 | 0.138 *** | 0.139 *** | 0.137 *** | 0.112 *** |
| | （0.0404） | （0.0404） | （0.0403） | （0.0398） |

续表

| | 被解释变量：股票资产占金融资产的比重 | | | |
|---|---|---|---|---|
| | （1） | （2） | （3） | （4） |
| **地区变量** | | | | |
| 西部 | － 0.0447 | － 0.0433 | － 0.0429 | － 0.0548 |
| | （0.0515） | （0.0515） | （0.0515） | （0.0514） |
| 常数项 | － 3.913 *** | － 3.948 *** | － 3.944 *** | － 4.030 *** |
| | （0.281） | （0.282） | （0.282） | （0.275） |
| N | 8433 | 8433 | 8433 | 8433 |

表 4 - 6 中第（1）列礼金支出的估计系数为 0.0166，在 1% 置信水平下显著；第（2）列礼金往来的估计系数为 0.0187，在 1% 置信水平下显著；第（3）列礼金收入的估计系数为 0.0190，在 1% 置信水平下显著；第（4）列通信费用的估计系数为 0.104，在 1% 的置信水平下显著。这表明，社会网络对家庭股票资产占金融资产的比重，即家庭股市参与的深度也有显著的正向影响。

在家庭特征变量中，收入的增加或总资产的增加将显著地增加家庭股票资产在金融资产中的比重；家庭规模对家庭股票资产占比的影响不太显著。在户主特征变量中，家庭股市参与的深度将随年龄增长而增加，但呈非线性变化，随着年龄的增长，股市参与深度的增长率逐渐变小。户主性别和婚姻状况对股市参与没有显著影响。户主受教育情况对家庭股市参与深度具有显著的正向影响，小学不显著，初中在 5% 的水平上显著，高中、大专、本科、本科以上在 1% 的水平上显著，且估计系数随着教育水平的提高而逐渐增大。户主的党员身份对股票资产占比没有显著影响。户主为农业户籍的家庭的股票资产占比显著低于非农家庭。户主为少数民族对股票资产占比有正向影响。风险态度对家庭股票资产占比的影响在 1% 置信水平下显著，其中风险偏好的家庭相较于风险厌恶的家庭而言，更倾向于投资股票，这与前面结果一致。户主健康状况对股票资产占比影响不显著。户主有养老保险的家庭股市参与深度显著高于没有养老保险的家庭，这进一步揭示了家庭养老不确定性的降低，增加了家庭股票风险资产投资的比例。区域变量估计结果与前面一致。

考虑到社会网络变量的内生性，下面在 Tobit 模型中引入工具变量进行估计，结果见表4－7。

表4－7　　　　　　社会网络与股市参与深度：IV－Tobit估计

| | 被解释变量：股票资产占金融资产的比重 | | | |
|---|---|---|---|---|
| | （1） | （2） | （3） | （4） |
| **社会网络** | | | | |
| ln（礼金支出） | 0. 434 *** | | | |
| | （0. 117） | | | |
| ln（礼金往来） | | 0. 393 *** | | |
| | | （0. 0993） | | |
| ln（礼金收入） | | | 0. 470 *** | |
| | | | （0. 124） | |
| ln（通信费用） | | | | 0. 923 *** |
| | | | | （0. 218） |

注：回归中所有控制变量均包含了表4中所包括的控制变量，为了节省篇幅，除社会网络变量外，没有报告其他控制变量的结果。

从表4－7可知，在考虑了社会网络内生性后，礼金支出的估计系数为0.434，在1%置信水平下显著；礼金往来的估计系数为0.393，在1%置信水平下显著；礼金收入的估计系数为0.470，在1%置信水平下显著；通信费用的估计系数为0.923，在1%的置信水平下显著。这表明，社会网络对家庭参与股市深度具有非常显著的正向影响。同样，通信费用对家庭股市参与深度的影响最大，这再次表明通信不仅影响家庭股市参与与否的决策，而且影响在股市投资的比例，即股市参与的深度。对比表4－6的结果，如果不考虑社会网络的内生性，社会网络对股市参与深度的促进作用在Tobit模型中也被低估。这进一步表明选取工具变量进行两阶段估计的必要性。

综上所述，本部分的估计结果表明，社会网络不仅对家庭参与股市具有显著的正向影响，还对家庭参与股市的深度具有显著的正向影响，从而改变家庭资产配置。由于礼金收入能够为家庭提供直接的流动性，所以可以缓解家庭流动性约束；通讯费用支出可以给家庭带来更多信息，缓解信息不对称。因此，本章的结果表明，社会网络对家庭股市参与及参与深度的正向影响是通过缓解流动性约束、降低信息成本实现的，这与圭索等（Guiso et. al，1996）的发现是一致的。

## 五、金融发展过程中社会网络对股市参与的影响

斯蒂格利兹（Stigliz，2000）认为在一个社会发展的早期，社会资本的作用一般很有效，但当社会发展到一定阶段，市场的力量可能削弱社会资本作为非正式制度的作用，迪克西（Dixit，2003）、克里希那和松阪（Krishna and Matsusaka，2009）也得出了相同结论。那么在中国，社会网络对股市参与的作用是否会随金融市场的发展而减弱呢？为了回答此问题，参照慕克吉和凯利皮里（Mookerjee and Kalipioni，2010）的度量方法，本章用家庭所在县的金融机构（包括银行和证券公司）数量来衡量该县金融发展水平，构造所在县的金融机构数量与社会网络四个代理变量的交叉项，通过估计交叉项的系数以观察金融发展中社会网络对股市参与的动态影响。如果社会网络和金融发展的交叉项估计系数为正，说明金融发展强化了社会网络对家庭参与股市的影响；反之，则表明随着金融发展，社会网络对家庭股市参与的作用在减弱。首先进行 Probit 模型估计，结果如表 4 - 8 所示。

表 4 - 8　　　金融发展、社会网络与股市参与：Probit 模型估计

| | （1） | （2） | （3） | （4） |
|---|---|---|---|---|
| **社会网络与金融发展** | | | | |
| ln（礼金支出） | - 0. 0817 *** | | | |
| | (0. 0231) | | | |
| ln（礼金支出）* 所在县的金融机构数量 | 0. 0223 *** | | | |
| | (0. 00445) | | | |
| ln（礼金往来） | | - 0. 0782 *** | | |
| | | (0. 0239) | | |
| ln（礼金往来）* 所在县的金融机构数量 | | 0. 0227 *** | | |
| | | (0. 00456) | | |
| ln（礼金收入） | | | - 0. 0864 *** | |
| | | | (0. 0254) | |

|  | （1） | （2） | （3） | （4） |
|---|---|---|---|---|
| **社会网络与金融发展** |  |  |  |  |
| ln（礼金收入）*所在县的金融机构数量 |  |  | 0.0243 *** | |
|  |  |  | （0.00485） | |
| ln（通信费用） |  |  |  | - 0.0263 |
|  |  |  |  | （0.0513） |
| ln（通信费用）*所在县的金融机构数量 |  |  |  | 0.0388 *** |
|  |  |  |  | （0.00821） |
| 所在县的金融机构数量 | - 9.26e - 05 | - 0.000122 | - 0.000131 | - 0.000269 ** |
|  | （9.61e - 05） | （0.000102） | （0.000102） | （0.000118） |

注：回归中所有控制变量均包含了表 4 - 4 中所包括的控制变量，为了节省篇幅，除社会网络、金融发展水平及社会网络与金融发展水平交叉变量外，没有报告其他控制变量的结果。

　　从表 4 - 8 的结果可知，礼金支出、礼金往来、礼金收入和通信费用与所在县的金融机构数量的交叉项估计系数分别为 0.0223、0.0227、0.0243 和 0.0388，系数都为正，且都在 1% 的置信水平下显著。这表明，随着金融市场的发展，社会网络对家庭参与股市参与依然具有显著的正向影响。因此，金融发展强化了社会网络对家庭股市参与的影响。为了进一步考察金融发展、社会网络对家庭参与股市的影响，下面对家庭股市参与的深度，即股票资产占金融资产的比重进行估计，结果见表 4 - 9。

表 4 - 9　　金融发展、社会网络与股市参与深度：Tobit 模型估计

|  | （1） | （2） | （3） | （4） |
|---|---|---|---|---|
| **社会网络与金融发展** |  |  |  |  |
| ln（礼金支出） | - 0.0344 ** |  |  | |
|  | （0.0139） |  |  | |
| ln（礼金支出）*所在县的金融机构数量 | 0.0101 *** |  |  | |
|  | （0.00261） |  |  | |
| ln（礼金往来） |  | - 0.0346 ** |  | |
|  |  | （0.0146） |  | |

续表

| | （1） | （2） | （3） | （4） |
|---|---|---|---|---|
| **社会网络与金融发展** | | | | |
| ln（礼金往来）＊所在县的金融机构数量 | | 0.0106 *** | | |
| | | （0.00270） | | |
| ln（礼金收入） | | | － 0.0380 ** | |
| | | | （0.0156） | |
| ln（礼金收入）＊所在县的金融机构数量 | | | 0.0112 *** | |
| | | | （0.00289） | |
| ln（通信费用） | | | | 0.0137 |
| | | | | （0.0307） |
| ln（通信费用）＊所在县的金融机构数量 | | | | 0.0166 *** |
| | | | | （0.00487） |
| 所在县的金融机构数量 | － 8.50e－06 | － 2.56e－05 | － 2.79e－05 | － 7.99e－05 |
| | （5.42e－05） | （5.75e－05） | （5.80e－05） | （6.80e－05） |

注：回归中所有控制变量均包含了表 4 - 4 中所包括的控制变量，为了节省篇幅，除社会网络、金融发展水平及社会网络与金融发展水平交叉变量外，没有报告其他控制变量的结果。

从表 4 - 9 可知，礼金支出、礼金往来、礼金收入和通信费用与所在县的金融机构数量的交叉项估计系数分别为 0.0101、0.0106、0.0112 和 0.0166，系数都为正，且都在 1% 的置信水平下显著。这进一步表明，伴随着金融市场的发展，社会网络对股市参与深度的影响仍然非常显著。

综上所述，随着金融市场的发展，社会网络对股市参与的作用不但没有减弱反而增加了居民股市参与的可能性以及股市参与的深度，说明家庭所处的正规金融环境越好，其社会网络对股市参与的作用越大。这与张爽等（2007）、杨汝岱等（2011）、易行健（2012）发现社会网络的作用会随着经济金融的发展而逐渐减弱的结论不同。

金融发展对社会网络作用的加强可能是由于中国正处于市场转型过程中，精英阶层利用过去经营的社会关系网络继续获取资源，使得社会网络作为一种非市场力量嵌入到市场机制中去获得更高的回报（Rona - Tas，1994）。根据中国家庭金融调查数据，户主学历为本科及以上水平时，其股市参与率达到了 31.89%，远远高于中国家庭平均 8.84% 的股市参与率；同时虽然户主的学历为本科及以上水平的家庭数量在数据中仅占 7.96%，但却在所有参与股市家庭中占比 28.72%，这说明在中国投资股市的家庭大多处于精英阶层，这更进一步支持了本章的推断。

# 六、本章小结

本章运用中国家庭金融调查（CHFS）微观数据从社会网络视角研究了我国家庭的股市参与及金融资产配置。我们选用礼金支出、礼金收入、礼金往来和通信费用，从多个角度对社会网络进行度量，运用 Probit 和 Tobit 模型估计后发现社会网络对中国家庭参与股市具有显著的正向影响。

本章发现，社会网络对股市参与有显著正向影响。社会网络越发达的家庭参与股票市场的概率越大，而且在股票市场投资越多，即股市参与的深度越高。在社会网络四个衡量指标中，通信费用对股市参与的影响最大，这表明了通讯联络在社会交往中的重要作用。在社会交往活动中，礼金支出、礼金收入和礼金往来都可能缓解家庭面临的流动性约束，从而促进家庭参与股票市场，增加风险资产配置；而通信费用有助于家庭获取更多的信息，缓解参与金融市场的信息不对称，从而增加家庭股市参与的概率，加大在风险资产上的投资。为了克服社会网络变量的内生性，我们使用除本家庭以外的户均礼金支出作为工具变量进行估计，结果表明社会网络对家庭股市参与率和股市参与深度仍然具有显著的正向影响。

本章还发现，家庭收入和资产对股市参与率和参与深度都有显著的正向影响，户主年龄对股市参与率和参与深度的影响呈倒 U 型，户主受教育程度与股市参与率、参与深度显著正相关，户主为农业户籍的家庭股市参与率和参与深度显著低于非农家庭，这与炒股家庭主要集中在城市是一致的，少数民族家庭更愿意持有股票且持有比例更高，相较于风险中性的家庭，风险偏好家庭的股市参与率和持股比例较高，风险厌恶家庭的股市参与率和持股比例较高，有养老保险与股市参与率、参与深度显著正相关，说明未来的不确定性对家庭资产配置有重要影响，不确定性增加，将降低家庭股市参与率和持股比例。

　　本章用当地金融机构数量作为金融发展的度量指标，研究发现，随着金融发展水平的提高，社会网络对股市参与的作用不但没有减弱，反而增加了家庭股市参与的概率和股票资产在金融资产中的比例。这表明，非市场化力量在中国家庭股市参与中起到了重要作用，金融发展会进一步强化社会网络对家庭股市参与及参与深度的影响。

# 第五章

# 社会网络与家庭信贷约束

## 一、引　言

在发展中国家，信贷约束是许多家庭面临的一个基本问题。信贷体系要求贷款人以当前财富为基础承担有限责任，这导致低收入人群往往由于财富不足而被排除在正规信贷市场以外，无法享受到金融市场发展带来的好处，从而导致集体的贫困陷阱（Collective Poverty Trap）（Banerjee，2002；Conning and Udry，2005）。中国是世界上人口最多的发展中国家，其家庭面临着严重的信贷约束问题，大约有51%的家庭有信贷需求，其中42%的家庭受到信贷约束（甘犁等，2012）。充足的信贷供给使家庭在收入变动时能够平滑消费，为家庭的投资项目提供资金，并且提高家庭应对疾病、农业灾害和失业等意外冲击的能力。最近的研究还表明，缓解信贷约束可以改善家庭营养、健康和教育水平（Jacoby and Skoufias，1997；Morduch，1999；Pitt and Khandker，1998）。因此，满足家庭的信贷需求对经济发展具有重要意义。本章将基于社会网络视角，研究家庭的融资行为。

目前，国内外许多文献基于信息不对称视角研究了社会网络与农户借贷行为的关系（Ghatak，1999；Karlan and Morduch，2010；童馨乐等，2011；杨汝岱，2011；胡枫、陈玉宇，2012），但绝大多数国内文献的研究对象仅包括农村家庭，未考虑城市家庭，城市家庭在做出购买住房、经营工商业等决策时也同样会受到信贷约束的影响，并且中国作为传统的关系型社会，家庭的社会网络对其借贷行为也将产生重要影响；另外，信贷约束包括需求型信贷约束和供给型信贷约束，需求型信贷约束是信贷需求者由于交易成本、风险态度以及主观认知偏等原因而造成需求压抑，主动放弃贷款，从而产生信贷约束，这是一种间接的信贷约束；而供给型借贷约束属于直接信贷约束，指金融机构（银行或其他金融机构）考虑到贷款的成本和风险而拒绝给一部分借款者提供贷款或提供的贷款不能完全满足借款者的需求。目前，大部分已有文献主要从供给方面衡量了信贷约束，忽视了需求方面导致的信贷约束，并且没有考察社会网络对信贷需求的影响，社会网络提供的信息能够降低借款者的搜寻成本，从而增加家庭的信贷需求（Okten and Osili，2004），并且只有在控制信贷需求的情况下才能更准确的估计信贷约束（刘西川、程恩江，2009）。之所以多数研究不考虑信贷需求，是因为大多数学者认为在发展中国家，低于市场利率的补贴利率使得所有家庭对正规贷款都有超额需求，然而，萨米斯（Sarmistha，2002）指出，一些家庭可能对正规信贷或非正规信贷都没有需求，而另一些家庭虽然对信贷有需求，但只对非正规信贷有需求，因为他们发现非正规信贷比正规信贷成本低。一些研究进一步证实了萨米斯的观点，罗德里戈等（Rodrigo et al.，2001）指出，信贷需求缺乏是导致罗马尼亚农村家庭和中小企业信贷市场参与度低的重要原因之一；托马斯（Thomas，2007）发现，越南贫困家庭对正规信贷的需求非常低，并且，在 1993 ~ 1998 年，越南农村家庭的正规信贷需求在降低。本部分与以往文献不同之处在于：首先，本章研究的对象即包括农村家庭也包括城市家庭；其次，利用问卷调查获得的直接信息将供求双方同时纳入到借贷约束的分析中，对信贷需求、信贷约束变量进行度量；最后，在调查数据的支撑下，运用需求可识别双变量 Probit 模型研究社会网络对中国家庭信贷需求、信贷约束的影响，提高了模型估计额的效率和模型结果的可信度①。

　　本章接下来的部分是这样安排的：第二部分讨论社会网络对信贷约束的影响机制；第三部分介绍模型设定与变量选取；第四部分为实证结果分

---

① 双变量 Probit 模型的演变经历了从完全可识别模型到局部可识别模型，以及需求可识别模型的发展过程。完全可识别模型可以同时观察到 (1, 1)、(1, 0)、(0, 1)、(0, 0) 四种情形，完全可识别模型具有最高的识别性，但仅当两个 Probit 方程的误差项不相关时，估计才具有有效性；根据黄祖辉等 (2009)，后两种 Probit 模型与完全可识别模型相比，具有以下优点：首先，二维 Probit 模型较好地解决分离需求和供给效应的问题，只有借款者有需求并且贷款者愿意发放贷款时，借贷行为才能发生；其次，二维 probit 模型估计包括了借款者和非借款者的所有样本信息，从而避免有偏估计。在局部可识别模型中，只能观察到 (1, 1) 的情形，其他三种情况不能被观察到；需求可识别模型可以观察到 (1, 1)、(1, 0) 的两种情形，因此比局部可识别模型的估计更有效率。

析；第五部分进一步讨论社会网络分别对金融知识和无信心借款者的一个影响；第六部分为本章小结。

## 二、社会网络对信贷约束的影响机制

家庭拥有的关系网络对其是否能获得信贷有重要作用（Udry，1994；Okten and Osili，2004）。首先，社会网络可以弥补家庭缺乏抵押品的缺陷。在发展中国家低收入家庭由于缺乏抵押品和违约风险高，是阻碍家庭获得信贷最重要原因之一（Adams and Fitchett，1992；Besley，1995），而社会网络在金融交易中有类似抵押品的功能（Biggart and Castanias，2001），孟加拉乡村银行以五户联保为核心的小额信贷，就是运用社会网络中的亲情和友情作抵押，来达到控制信贷风险的目的，其还款率长期保持在98％以上（程恩江等，2008）。格兰诺维特（Granovetter，1973）强调社会网络各成员之间能通过其社会网络获得对自己有用的信息和实质性的帮助，并且成员之间经过长期交往能建立起信任机制，从而为彼此提供信用保证，缓解信贷约束；林南（Lin Nan，2001）研究得出，社会网络促进信息流动的功能可以作为社会资源的获取凭证；比加特和卡斯塔尼亚斯（Biggart and Castanias，2001）认为社会资本在金融交易中能发挥抵押品的功能，从而缓解家庭的借贷约束；中国的家庭重关系、重面子、重声誉，这些丰富的社会网络资源可以开发成信贷抵押和担保品，从而弥补抵押担保品的不足，缓解其信贷约束。其次，社会网络能够促进家庭和金融机构的信息传递，从而减少信息不对称，降低交易成本。社会网络成员之间彼此之间比较了解，使得高风险的借款人容易被识别并被排除在外，这能有效降低逆向选择问题（Ghatak，1999），并且，社会网络成员之间交往较容易和频繁，相互监督成本低，从而有效缓解了道德风险问题（Karlan，2010）；卡兰（Karlan，2010）进一步指出社会网络能够对违约者实施社会制裁（使违约者声誉受损，甚至被排挤出网络），从而降低借款者违约的可能性。蒂里（Thierry，2000）实证研究得出格莱眠银行信贷员与借款者之间稳定持续的关系所形成的社会网络降低了信息不对称产生的放款成本。最后，社会网络可以帮助家庭获得非正规金融借款。信息不对称引起的逆向选择和道德风险问题是信贷约束产生的主要原因（Stiglitz and Weiss，1981），而且金融机构不健全的甄别机制会向资金需求者传递有偏的信息，导致需求者认为自己不能获得贷款而放弃贷款申请（Kon and Storey，2003）。而非正规金融机构拥有特定的信息获取方式与合约实施机制，贷方主要通过借贷双方的人缘、地缘等社会网络资源获取借款人的信息，使其在解决信贷中的逆向选择和道德风险等问题时比非正规金融机构更有效（Gouldner，1960；林毅夫和孙希芳，2005）。德勒（Gouldner，1960）研究表明由于非正规金融机构拥有的信息、互惠及其他社会网络资源，使得其在解决信贷中的逆向选择和道德风险等问题时比正规金融机构更有效。罗家德（2005）从嵌入性视角，运用访谈法研究了台湾"关系"金融的形式：私人借贷是以情感连带为基础而建立起的一对一人际关系借贷；标会是以会员间的关系网络为基础而建立的小型、封闭和短期的网状人际关系借贷；储蓄互助社是以团体内聚力和自我意识为基础而建立的高封闭、自我意识强的团体化关系借贷网；而信用合作社则是以人缘、地缘关系和团体化过程为基础的开放的团体化关系借贷网；这四种关系借贷渠道的社会经济功能紧密相连，说明社会网络的强度和密度能在经济中发挥作用。刘军（2006）将社会支持络分为情感支持网、资金支持网、小宗服务网和劳动力支持网四种，并在此基础上实证研究了黑龙江法村社会支持网对借贷的影响，在借贷关系中，亲情扮演着重要作用，而父母比兄弟姐妹的作用更重要；相较于大宗借款，在小宗借款中网络成员的互惠支持更强，但是普遍存在一般性互惠。马光荣和杨恩艳（2011）使用中国农村调查数据研究发现，农民的社会网络越广，将拥有越多的民间借贷渠道，以亲情为基础的非正规金融弥补了农村正规金融发展滞后的缺陷。杨汝岱等（2011）基于社会网络视角研究了中国农户民间借贷行为，发现社会网络有助于农户平衡现金流、缓解流动性约束；虽然随着经济社会的发展，以社会网络为基础的农户民间借贷趋于减少，但目前农户普遍缺乏抵押物，因此社会网络对缓解正规金融资金供给不足有重要作用。

# 三、模型设定与变量选取

## （一）模型设定

将家庭参与信贷市场的行为分为三个决策：家庭是否需要信贷，是否受到正规信贷约束以及家庭的借贷额。

对家庭是否受信贷约束需要控制住信贷需求。对此，本部分采用需求可识别的二维 Probit 模型来控制住信贷需求的影响。首先，家庭决定是否需要信贷，其表达式为：

$$\text{Pro}(y_D = 1) = \alpha_1 snw + \beta_1 X + u_1 \qquad (5-1)$$

其中，$snw$ 是本章的关注变量社会网络（Social Network），$X$ 表示其他解释变量，$u_1$ 表示残差项，$y_D$ 表示信贷需求哑变量，若家庭有信贷需求，取值为 1，否则为 0。

其次，在需要贷款的家庭中，有一部分家庭受正规信贷约束。家庭是否受信贷约束的决定方程为：

$$\text{Pro}(y_C = 1) = \alpha_2 snw + \beta_2 Z + u_2 \qquad (5-2)$$

在式（5-2）中，$y_C$ 表示信贷约束哑变量，若家庭受到信贷约束，取值为 1，否则为 0，$u_2$ 为误差项。假设 $u_1$ 和 $u_2$ 服从联合正态分布，记为 $u_1$，$u_2 \sim BVN(0, 0, 1, 1, \rho)$，其中 $\rho$ 是 $u_1$ 和 $u_2$ 的相关系数。

本部分将采用极大似然法对式（5-1）和式（5-2）进行联合估计，其对数似然函数表示如下：

$$\ln L(\alpha_1, \alpha_2, \beta_1, \beta_2, \rho) = \sum_{i=1}^{N} \{ y_D y_C \ln F(\alpha_1 snw, \alpha_2 snw,$$
$$\beta_1 X, \beta_2 Z; \rho) + y_D(1 - y_C)\ln[\Phi(\alpha_1 snw, \beta_1 X) - F(\alpha_1 snw, \alpha_2 snw,$$
$$\beta_1 X, \beta_2 Z; \rho)] + (1 - y_D)\ln\Phi(-\alpha_1 snw, -\beta_1 X)$$

其中 $\Phi(\cdot)$ 是一元累计正态分布函数。为了控制第一阶段所产生的样本选择偏差对信贷约束产生潜在影响，在式（5-1）中产生的逆米尔斯比率（Inverse Mills'ratio）将作为解释变量放入式（5-2）中。

本章将使用 Tobit 模型进一步估计社会网络对借款金额（包括正规信贷和民间借贷）的影响。

$$y_L^* = \alpha snw + \beta X + e_1$$
$$y_L = \max(0, y_L^*) \qquad (5-3)$$

其中，$y_L$ 为借款金额。

本章将用上述模型研究社会网络对家庭信贷需求、信贷约束的影响。

## （二）变量选取

本章所用数据，来自西南财经大学 2011 年在全国范围内抽样调查获得的中国家庭金融调查数据（China Household Finance Survey，CHFS）。本章的目的在于考察社会网络对家庭信贷行为的影响，因而对家庭信贷需求和信贷约束等因变量进行准确的识别，并且合理构造出衡量家庭社会网络的指标是本章的关键。下面分别就因变量、关注变量和控制变量进行说明。

**1. 因变量**

信贷需求变量的识别困难主要是：贷款利率仅出现在供给曲线上，而不是需求曲线与供给曲线的交点，因此，仅利用观察到的贷款数额不能识别信贷需求函数，具体来说，对于没有获得正规贷款的家庭，研究者无法判断家庭是没有借款需求还是其贷款申请被拒绝了，而且，即使家庭获得了一部分贷款，研究者也不能判断其贷款需求是否被完全满足。只有获得关于借款者借款决策等额外信息才能有效识别信贷需求变量。因此，为了解决此信贷需求识别问题，研究者必须设计合理的调查方案来收集信息。杰派利（Jappelli，1990）、泽勒（Zeller，1994）、拜达斯等（Baydas et al.，1994）和克鲁克（Crook，2001）采用直接调查法，在调查中分别对贷款者和借款者进行直接询问，从而获得有关需求、供给和信贷配给机制的相关信息，利用直接调查法可以将是否需要贷款、完全受信贷约束和部分受信贷约束的家庭区分开来，从而解决了信贷需求的识别问题。

本部分借鉴菲德尔等（Feder et al.，1990）和杰派利（Jappelli，1990）的方法，利用 CHFS 数据问卷调查中获得的直接信息对家庭正规信贷需求和信贷约束进行度量，这也是本章区别于同类文献的显著特点之一。家庭正规信贷需求界定为家庭对正规金融机构提供的贷款产品有借贷意愿并具有还款能力。有借贷需求的家庭有两类：一类为已经获得正规金融机构贷款的家庭；另一类是受信贷约束的家庭，指未得到贷款但有贷款需求的家庭，主要包括"申请贷款被拒"和"担心被拒而未申请贷款"两种。进一步，本章还将第一类家庭的正规贷款额和第二类家庭的民间借贷额分别作为因变量，估计社会网络对它们的影响。

**2. 自变量**

本章的关注变量为社会网络，与第四章一样，本章将借鉴马光荣和杨恩燕（2011）、杨汝岱等（2011）的方法，选取家庭礼金支出作为社会网络的代理变量，并且也使用礼金往来、礼金收入作为社会网络的代理变量。

然而，社会网络可能存在内生性。一方面，希望获得贷款的家庭可能更需要建立社会网络来获取相关信息，这些信息包括其他贷款人的贷款经历、银行批准贷款的要求等。另一方面，社会网络可能同时受到其他外生因素的影响，如家庭不可观测的传统和偏好、家庭成员不可观察的能力等因素导致某些家庭更注重对社会网络的建立。为了解决社会网络变量可能存在的内生性导致估计结果的偏误，我们选取工具变量进行两阶段估计。经过反复检验，本章使用"社区内除本家庭以外其他家庭礼金支出的平均数"作为社会网络的工具变量[①]。该工具变量在一定程度上反映了该社区的礼金支出习俗，将影响到家庭的礼金支出，但不直接对家庭的信贷行为产生影响，而且社区内除本家庭以外的户均礼金支出与家庭传统、偏好、能力等变量无关。因而，我们认为社区内用除本家庭以外的户均礼金支出作为社会网络的工具变量是合适的，后文将进一步对此进行相关检验。

本章主要从三个层次上选取控制变量，主要包括户主特征变量、家庭特征变量和社区变量。户主特征变量包括是否有工作、年龄、性别、婚姻状况。家庭特征变量包括家庭规模、固定资产、工资收入、日常消费额和户籍。社区变量包括社区离市中心的距离和社区经济状况[②]。此外，由于各地区的经济金融发展水平和社会文化差异较大，本部分还在模型中控制了省份哑变量，以尽可能减少由于遗漏变量造成的估计偏误。

在表 5-1 中，本部分给出了全样本、有信贷需求家庭及受信贷约束家庭的描述性统计。

表 5-1　　　　　　　　　　变量描述性统计

| 变量名称 | 全样本 | | 有信贷需求 | | 受信贷约束 | |
|---|---|---|---|---|---|---|
| | N | 均值 | N | 均值 | N | 均值 |
| **信贷特征** | | | | | | |
| 有正规信贷需求 | 8331 | 0.506 | 4212 | 1 | 1762 | 1 |
| 获得正规信贷 | 8331 | 0.211 | 4212 | 0.418 | 1762 | 1 |

① 杨汝岱等（2011）使用本村户均礼金支出作为家庭礼金支出工具变量。为了避免家庭礼金支出对社会平均礼金支出的影响，本文使用社区内除本家庭以外其他家庭礼金支出的平均数作为社会网络的工具变量。

② 问卷中问题为小区/村子经济状况？访员将对此在 1～10 分的区间内进行打分，1 分为穷，10 分为富。

续表

| 变量名称 | 全样本 | | 有信贷需求 | | 受信贷约束 | |
|---|---|---|---|---|---|---|
| | N | 均值 | N | 均值 | N | 均值 |
| **信贷特征** | | | | | | |
| 正规借款额（元） | 8331 | 39114 | 4212 | 77362 | 1762 | 1794 |
| 非正规借款额（元） | 8331 | 26842 | 4212 | 53081 | 1762 | 36185 |
| 社会网络： | | | | | | |
| 礼金支出（元） | 8331 | 3052 | 4212 | 3019 | 1762 | 2701 |
| 礼金往来（元） | 8331 | 4398 | 4212 | 4383 | 1762 | 3983 |
| 礼金收入（元） | 8331 | 1345 | 4212 | 1364 | 1762 | 1283 |
| **户主特征** | | | | | | |
| 年龄 | 8331 | 49.90 | 4212 | 47.90 | 1762 | 49.32 |
| 年龄平方 | 8331 | 2687 | 4212 | 2441 | 1762 | 2574 |
| 男性 | 8331 | 0.732 | 4212 | 0.763 | 1762 | 0.784 |
| 已婚 | 8331 | 0.864 | 4212 | 0.895 | 1762 | 0.904 |
| 受教育年限 | 8331 | 9.187 | 4212 | 8.906 | 1762 | 8.161 |
| 有工作 | 8331 | 0.707 | 4212 | 0.794 | 1762 | 0.814 |
| **家庭特征** | | | | | | |
| 家庭规模 | 8331 | 3.475 | 4212 | 3.828 | 1762 | 3.879 |
| 固定资产（元） | 8331 | 800178 | 4212 | 661113 | 1762 | 377012 |
| 工资收入（元） | 8331 | 67556 | 4212 | 62655 | 1762 | 62744 |
| 日常消费额（元） | 8331 | 2054 | 4212 | 2048 | 1762 | 1689 |
| 城市户口 | 8331 | 0.472 | 4212 | 0.385 | 1762 | 0.291 |
| **社区变量** | | | | | | |
| 社区离市中心的距离 | 8331 | 11.29 | 4212 | 12.70 | 1762 | 13.91 |
| 社区经济状况 | 8331 | 5.450 | 4212 | 5.279 | 1762 | 5.071 |

从表5-1可知，有正规信贷需求的家庭有50.6%，其中受信贷约束家庭占41.8%，说明在中国大部分家庭有正规信贷需求，而其中相当一部分家庭受到了信贷约束。样本中，家庭正规借款额的均值为39114元，非正规借款额的均值为26842元。有信贷需求的家庭与全样本的社会网络变量均值无

明显差别，但受信贷约束家庭的社会网络均值明显低于全样本的均值。另外，无工作、受教育程度低和固定资产少的家庭更容易受到信贷约束。

# 四、实证结果

本章的目的是研究社会网络对家庭信贷需求、信贷约束的影响，具体来说，本部分将首先采用双变量 Probit 模型来考察社会网络对家庭信贷需求和信贷约束的影响，从后文表 5 - 3 中可以看出，方程估计中逆米尔斯比率都非常显著，说明估计信贷约束方程时控制信贷需求的必要性；然后考虑到部分家庭借贷额为零的情况，本部分将用 Tobit 模型来研究社会网络对家庭信贷额（包括正规借贷和民间借贷）的影响。

## （一）社会网络对家庭信贷需求的影响

表 5 - 2 是社会网络对家庭信贷需求影响的估计结果，第（1）、（3）、（5）列用 Biprobit 模型估计，第（2）、（4）、（6）列估计考虑了社会网络的内生性问题，引入工具变量进行两阶段估计。

表 5 - 2　　　　　　　　社会网络对家庭信贷需求的影响

| | （1） | （2） | （3） | （4） | （5） | （6） |
|---|---|---|---|---|---|---|
| | Biprobit | Ivprobit | Biprobit | Ivprobit | Biprobit | Ivprobit |
| **社会网络** | | | | | | |
| ln（礼金支出） | 0.00884 ** | 0.088 *** | | | | |
| | (0.00434) | (0.0268) | | | | |
| ln（礼金往来） | | | 0.0102 ** | 0.0986 *** | | |
| | | | (0.00453) | (0.0274) | | |
| ln（礼金收入） | | | | | 0.00677 * | 0.0842 ** |
| | | | | | (0.00402) | (0.0846) |
| **户主特征** | | | | | | |
| 年龄 | 0.0482 *** | 0.0355 *** | 0.0488 *** | 0.0193 ** | 0.0494 *** | 0.0624 *** |
| | (0.00698) | (0.00722) | (0.00700) | (0.00847) | (0.00702) | (0.00759) |

续表

| | (1) | (2) | (3) | (4) | (5) | (6) |
|---|---|---|---|---|---|---|
| | Biprobit | Ivprobit | Biprobit | Ivprobit | Biprobit | Ivprobit |
| **户主特征** | | | | | | |
| 年龄的平方 | − 0.0006 *** | − 0.0005 *** | − 0.0006 *** | − 0.0003 *** | − 0.0006 *** | − 0.0007 *** |
| | (6.90e − 05) | (7.82e − 05) | (6.92e − 05) | (9.60e − 05) | (6.95e − 05) | (0.000107) |
| 男性 | 0.0462 | 0.0522 * | 0.0462 | 0.0438 | 0.0467 | 0.0242 |
| | (0.0343) | (0.0302) | (0.0343) | (0.0300) | (0.0343) | (0.0353) |
| 已婚 | 0.0116 | 0.0634 *** | 0.0115 | 0.0623 *** | 0.0149 | − 0.0262 |
| | (0.0466) | (0.0446) | (0.0466) | (0.0432) | (0.0465) | (0.0550) |
| 受教育年限 | − 0.0171 *** | − 0.00167 | − 0.0171 *** | − 0.00179 | − 0.0167 *** | − 0.00815 |
| | (0.00455) | (0.00485) | (0.00455) | (0.00478) | (0.00455) | (0.00799) |
| 有工作 | 0.190 *** | 0.0744 *** | 0.190 *** | 0.184 *** | 0.191 *** | 0.0674 |
| | (0.0388) | (0.0364) | (0.0388) | (0.0364) | (0.0388) | (0.0961) |
| **家庭特征** | | | | | | |
| 家庭规模 | 0.123 *** | 0.0769 *** | 0.123 *** | 0.0664 *** | 0.122 *** | 0.0607 |
| | (0.0110) | (0.0156) | (0.0110) | (0.0170) | (0.0110) | (0.0510) |
| ln（固定资产） | 0.0632 *** | 0.0796 *** | 0.0632 *** | 0.0768 *** | 0.0641 *** | 0.0257 |
| | (0.00868) | (0.00789) | (0.00869) | (0.00806) | (0.00867) | (0.0299) |
| ln（工资收入） | − 0.0209 *** | − 0.00688 * | − 0.0207 *** | − 0.00954 ** | − 0.0205 *** | − 0.0107 |
| | (0.00310) | (0.00392) | (0.00310) | (0.00372) | (0.00310) | (0.00860) |
| ln（日常消费额） | 0.0405 | 0.154 *** | 0.0407 | 0.153 *** | 0.0358 | 0.0905 *** |
| | (0.0215) | (0.0310) | (0.0215) | (0.0294) | (0.0213) | (0.0245) |
| 城市户口 | − 0.113 *** | − 0.0428 | − 0.113 *** | − 0.0208 | − 0.112 *** | − 0.102 ** |
| | (0.0389) | (0.0369) | (0.0389) | (0.0375) | (0.0389) | (0.0440) |
| **社区变量** | | | | | | |
| 社区离市中心的距离 | 0.00236 | 0.000994 | 0.00234 | 0.00110 | 0.00232 | 0.00122 |
| | (0.00128) | (0.00113) | (0.00128) | (0.00111) | (0.00128) | (0.00144) |
| 社区经济状况 | − 0.0700 *** | − 0.0212 | − 0.0701 *** | − 0.0156 | − 0.0699 *** | − 0.0764 *** |
| | (0.0101) | (0.0131) | (0.0101) | (0.0136) | (0.0101) | (0.0144) |

续表

| | （1） | （2） | （3） | （4） | （5） | （6） |
|---|---|---|---|---|---|---|
| | Biprobit | Ivprobit | Biprobit | Ivprobit | Biprobit | Ivprobit |
| **社区变量** | | | | | | |
| 常数项 | − 1. 168 *** | − 1. 749 *** | − 1. 191 *** | − 1. 091 *** | − 1. 218 *** | − 1. 138 *** |
| | （0. 221） | （0. 195） | （0. 220） | （0. 211） | （0. 221） | （0. 337） |
| 省级哑变量 | 控制 | 控制 | 控制 | 控制 | 控制 | 控制 |
| 样本数 | 8331 | 8331 | 8331 | 8331 | 8331 | 8331 |
| 一阶段估计 F 值 | | 36. 77 | | 26. 04 | | 18. 45 |
| 工具变量 t 值 | | 6. 07 | | 5. 11 | | 2. 71 |
| DWH 统计量 P 值 | | 0. 0000 | | 0. 0000 | | 0. 0000 |

注：① *** 表示结果在 1% 的置信水平下显著，** 表示结果在 5% 的置信水平下显著，* 表示结果在 10% 的置信水平下显著。②表中报告的是边际效应（Marginal Effects）。③报告的标准差是稳健标准差（Robust Standard Error）。本章以下各表同。

在第（1）列中，礼金支出对家庭信贷需求在 5% 的置信水平上显著有正的影响，其边际效应（Marginal Effect）为 0.008，即礼金支出每增加 1%，家庭对信贷需求的概率将增加 0.008。户主年龄与信贷需求可能性之间的关系呈倒 U 型。那些户主受教育程度较高的家庭信贷需求的概率较小，这可能是由于他们的收入较为稳定且风险态度相对保守；有工作在 1% 的置信水平上显著为正，说明户主有工作能推动家庭信贷需求，这可能是由于这些家庭更有机会获得新的信贷机会的信息；家庭规模在 1% 的置信水平上显著，其边际效应为 0.12，这可能是因为规模越大的家庭，越容易遭受意外冲击，导致其信贷需求概率增加；固定资产与信贷需求概率显著正相关，其边际效应为 0.06；工资收入显著地负向影响家庭对贷款的需求，这说明工资收入对信贷具有替代作用。城市家庭信贷需求可能性显著为负，说明城市家庭信贷需求概率相对较低，而农村家庭更需要信贷支持。社区经济状况在 1% 的置信水平上显著，其边际效应为 − 0.07，表明越贫穷的地方，越需要信贷支持。

在第（2）列中，考虑到用礼金支出衡量社会网络，可能存在内生性，估计中用"社区内除本家庭以外其他家庭礼金支出的平均数"作为工具变量，进行两阶段估计。第（2）列报告了用 Durbin – Wu – Hausman 检验（以下简称 DWH 检验）礼金支出内生性的结果，p 值为 0，在 1% 的水平下拒绝了外生性假设，因而礼金支出存在内生性。在两阶段工具变量估计中，第一阶段的 $F$ 值为 36.77，大于 Stock - Yogo 弱工具变量 10% 偏误水平下的阀值 16.38，且工具变量的 $t$ 值在 1% 的置信水平下显著，可见选取的工具变量是合适的，不存在弱工具变量的问题。考虑内生性后，礼金支出在 1% 的置信水平上显著，其边际效应为 0.09，即礼金支出每增加 1%，家庭信贷需求的概率将增加 0.09。显著程度和边际效应较第（1）列显著上升，说明礼金支出的内生性对估计结果产生了重要影响，工具变量估计结果更加可信。其他变量的估计系数与（1）列的估计基本一致。因此，第（2）列用工具变量估计的结果进一步表明，社会网络对家庭信贷需求可能性具有显著地正向影响。

为了检验社会网络对信贷需求影响结果的稳健性，本部分进一步使用礼金往来、礼金收入来度量社会网络。在第（3）列，礼金往来的影响在 5% 的置信水平上显著为正，其边际效应为 0.01。第（4）列使用"社区内除本家庭以外其他家庭礼金往来的平均数"作为礼金往来的工具变量进行两阶段估计，DWH 的 $p$ 值为 0，在 1% 的水平下拒绝了外生性假设，因而礼金往来也存在内生性。第一阶段的 $F$ 值为 26.04，大于 Stock - Yogo 弱工具变量 10% 偏误水平下的阀值 16.38，$t$ 值在 1% 的置信水平上显著，说明不存在弱工具变量问题。考虑内生性后，礼金往来的影响在 1% 的置信水平上显著，其边际效应为 0.1，其显著程度和边际效应较第（3）列显著上升，同样说明礼金往来的内生性对估计结果产生了重要影响。在第（5）列，礼金收入的影响在 10% 的置信水平上显著为正，其边际效应为 0.007。第（6）列"社区内除本家庭以外其他家庭礼金收入的平均数"作为礼金往来的工具变量进行两阶段估计，DWH 的 $p$ 值为 0，在 1% 的水平下拒绝了外生性假设，因而礼金收入也存在内生性。第一阶段的 $F$ 值为 18.45，大于 Stock - Yogo 弱工具变量 10% 偏误水平上的阀值 16.38，$t$ 值在 1% 的置信水平上显著，说明不存在弱工具变量问题。考虑内生性后，礼金收入的影响同样在 1% 的置信水平上显著，其边际效应为 0.08，其显著程度和边际效应较第（5）列显著上升。

综上所述，表 5 - 2 的估计结果一致表明，社会网络对家庭信贷需求具有显著地正向影响。

## （二）社会网络对家庭信贷约束的影响

表 5 - 3 是在考虑家庭信贷需求的基础上，估计了社会网络对家庭信

贷约束影响。第（1）、（2）列是社会礼金支出对信贷约束的影响。在第
（1）列，礼金支出的影响在5%的置信水平下显著为负，其边际效应为
－0.003。第（2）列DWH检验的$p$值为0.049，在5%的水平下拒绝了外
生性假设，说明礼金支出存在内生性，因而第（1）列基准回归结果是有
偏的。第（2）列用"社区内除本家庭以外其他家庭礼金支出的平均数"
作为工具变量进行两阶段估计，结果显示礼金支出的边际效应为－0.08，
在1%的置信水平下显著，这表明发达社会网络不仅可以增加家庭的信贷
需求，而且可以缓解家庭信贷约束。基准回归和工具变量回归结果均显
示：户主年龄与信贷约束可能性之间的关系呈倒U型；户主受教育程度与
信贷约束负相关；有工作的家庭在生命周期内较少受到信贷约束，在1%
的置信水平下显著，边际效应为－0.08；日常消费额对信贷约束的影响在
1%的置信水平下显著为负，说明日常消费越高的家庭，越不易遭受信贷
约束；城市家庭与信贷约束可能性显著为负，说明信贷配给现象在农村更
为常见；社区离市中心的距离在1%水平下显著为负，其边际效应为
－0003，一般而言，离市中心越近，社区所处的金融环境越发达，因此，
发达的金融环境对缓解信贷约束有积极作用；社区经济状况在5%的置信
水平下显著，其边际效应为0.01，表明家庭居住的地方越贫穷，越容易受
到信贷约束。

表5－3　　　　　　　　　社会网络对家庭信贷约束的影响

| | （1） | （2） | （3） | （4） | （5） | （6） |
|---|---|---|---|---|---|---|
| | Biprobit | Ivprobit | Biprobit | Ivprobit | Biprobit | Ivprobit |
| **社会网络** | | | | | | |
| ln（礼金支出） | － 0. 00254 ** | － 0. 0804 *** | | | | |
| | （0. 0770） | （0. 0879） | | | | |
| ln（礼金往来） | | | － 0. 0764 ** | － 0. 101 *** | | |
| | | | （0. 0832） | （0. 101） | | |
| ln（礼金收入） | | | | | － 0. 00841 * | － 0. 123 *** |
| | | | | | （0. 0668） | （0. 105） |
| **户主特征** | | | | | | |
| 年龄 | － 0. 0178 ** | － 0. 179 ** | － 0. 0190 *** | － 0. 223 *** | － 0. 0132 *** | － 0. 294 *** |
| | （0. 0288） | （0. 194） | （0. 0290） | （0. 217） | （0. 0295） | （0. 234） |

续表

| | (1) | (2) | (3) | (4) | (5) | (6) |
|---|---|---|---|---|---|---|
| | Biprobit | Ivprobit | Biprobit | Ivprobit | Biprobit | Ivprobit |
| **社会网络** | | | | | | |
| 年龄的平方 | 0. 0003 ** | 0. 0023 ** | 0. 0003 ** | 0. 0029 *** | 0. 0002 ** | 0. 0037 *** |
| | (0. 0004) | (0. 0025) | (0. 0004) | (0. 0027) | (0. 0004) | (0. 0029) |
| 男性 | 0. 0206 | − 0. 155 ** | 0. 0194 | − 0. 193 ** | 0. 0244 | − 0. 251 *** |
| | (0. 0550) | (0. 190) | (0. 0550) | (0. 210) | (0. 0552) | (0. 234) |
| 已婚 | 0. 0946 | − 0. 00659 | 0. 0914 | − 0. 0252 | 0. 0967 | − 0. 096 |
| | (0. 0713) | (0. 0876) | (0. 0714) | (0. 0965) | (0. 0717) | (0. 165) |
| 受教育年限 | − 0. 00902 ** | − 0. 0622 ** | − 0. 00881 ** | − 0. 0767 ** | − 0. 0103 *** | − 0. 0957 *** |
| | (0. 0115) | (0. 0744) | (0. 0114) | (0. 0813) | (0. 0113) | (0. 0872) |
| 有工作 | − 0. 0769 *** | − 0. 604 *** | − 0. 0843 *** | − 0. 674 *** | − 0. 0636 *** | − 0. 722 *** |
| | (0. 120) | (0. 762) | (0. 120) | (0. 833) | (0. 121) | (0. 850) |
| **家庭特征** | | | | | | |
| 家庭规模 | − 0. 0815 | − 0. 433 ** | − 0. 0856 | − 0. 523 *** | − 0. 0750 | − 0. 627 *** |
| | (0. 0630) | (0. 452) | (0. 0628) | (0. 494) | (0. 0627) | (0. 470) |
| ln（固定资产） | − 0. 00625 ** | − 0. 218 ** | − 0. 00944 ** | − 0. 269 ** | − 0. 00203 *** | − 0. 351 *** |
| | (0. 0370) | (0. 245) | (0. 0369) | (0. 269) | (0. 0376) | (0. 291) |
| ln（工资收入） | 0. 00960 | 0. 0770 ** | 0. 0103 | 0. 092 *** | 0. 00831 | 0. 112 *** |
| | (0. 0118) | (0. 0821) | (0. 0117) | (0. 0882) | (0. 0117) | (0. 0871) |
| ln（日常消费额） | − 0. 161 *** | − 0. 114 | − 0. 164 *** | − 0. 152 | − 0. 165 *** | − 0. 186 |
| | (0. 0361) | (0. 211) | (0. 0360) | (0. 235) | (0. 0345) | (0. 287) |
| 城市户口 | − 0. 172 ** | − 0. 361 * | − 0. 167 * | − 0. 454 ** | − 0. 180 ** | − 0. 572 ** |
| | (0. 0857) | (0. 505) | (0. 0858) | (0. 563) | (0. 0859) | (0. 668) |
| **社区变量** | | | | | | |
| 社区离市中心的距离 | − 0. 00321 *** | − 0. 00903 *** | − 0. 00328 *** | − 0. 0107 *** | − 0. 00305 *** | − 0. 0126 *** |
| | (0. 00203) | (0. 00866) | (0. 00203) | (0. 00931) | (0. 00203) | (0. 00828) |
| 社区经济状况 | 0. 0111 ** | 0. 257 ** | 0. 0125 ** | 0. 314 ** | 0. 00585 ** | 0. 397 *** |
| | (0. 0398) | (0. 284) | (0. 0397) | (0. 310) | (0. 0399) | (0. 324) |

续表

| | （1） | （2） | （3） | （4） | （5） | （6） |
| --- | --- | --- | --- | --- | --- | --- |
| | Biprobit | Ivprobit | Biprobit | Ivprobit | Biprobit | Ivprobit |
| **社区变量** | | | | | | |
| 逆米尔斯比率 | − 13.503 ** | − 20.17 ** | − 13.697 *** | − 24.38 *** | − 13.137 *** | − 30.23 *** |
| | （12.91） | （20.98） | （12.90） | （22.89） | （12.92） | （22.67） |
| 常数项 | 13.146 ** | 37.72 ** | 13.294 ** | 45.96 *** | 12.859 ** | 56.99 *** |
| | （2.166） | （15.12） | （2.171） | （16.70） | （2.199） | （16.59） |
| 省级哑变量 | 控制 | 控制 | 控制 | 控制 | 控制 | 控制 |
| 样本数 | 8331 | 8331 | 8331 | 8331 | 8331 | 8331 |
| 最大似然函数值 | − 7986.65 | | − 7984.60 | | − 7986.00 | |
| 一阶段估计 $F$ 值 | | 36.73 | | 27.36 | | 18.42 |
| 工具变量 $t$ 值 | | 4.10 | | 5.11 | | 2.71 |
| DWH 统计量 $P$ 值 | | 0.0496 | | 0.0000 | | 0.0000 |

为了检验社会网络对信贷约束影响结果的稳健性，本部分进一步使用礼金往来、礼金收入来度量社会网络。在第（3）列，礼金往来的影响在1%的置信水平下显著为负，其边际效应为 − 0.08。第（4）列使用"社区内除本家庭以外其他家庭礼金往来的平均数"作为礼金往来的工具变量进行两阶段估计，DWH 的 $p$ 值为 0，在 1% 的水平下拒绝了外生性假设，因而礼金往来也存在内生性，考虑内生性后，礼金往来的影响仍然在 1% 的置信水平下显著，其边际效应为 −0.1。在第（5）列，礼金收入的影响在 10% 的置信水平下显著为正，其边际效应为 − 0.007。第（6）列"社区内除本家庭以外其他家庭礼金收入的平均数"作为礼金往来的工具变量进行两阶段估计，DWH 的 $p$ 值为 0，在 1% 的水平下拒绝了外生性假设，考虑内生性后，礼金收入的影响在 1% 的置信水平下显著，其边际效应为 −0.08，其显著程度和边际效应较第（5）列显著上升。礼金往来和礼金收入对其他控制变量的影响与礼金支出的影响相似，说明本章选取的社会网络变量对信贷约束影响的结果具有稳健性。

综上所述，表 5 − 3 的估计结果一致表明，社会网络对信贷约束具有显著地负向影响。

## （三） 社会网络对家庭借贷额的影响

表 5 - 4 用 Tobit 模型估计了社会网络对家庭借贷额的影响。第（1）、（2）列是礼金支出对借贷额的影响。在第（1）列，礼金支出的影响在 5% 的置信水平下显著，其边际效应为 0.03。第（2）列 DWH 检验的 $p$ 值为 0.0022，在 1% 的水平下拒绝了外生性假设，说明礼金支出存在内生性，因而第（1）列基准回归结果是有偏的。第（2）列用"社区内除本家庭以外其他家庭礼金支出的平均数"作为工具变量进行两阶段估计，结果显示礼金支出的边际效应为 0.08，在 1% 的置信水平下显著，这表明社会网络对家庭正规借贷额有正向影响。基准回归和工具变量回归结果均显示：户主年龄与借贷额之间的关系呈倒 U 型；那些户主受教育程度较高的家庭借贷额反而较少，这可能是由于教育水平高的家庭信贷需求较低导致的；有工作的家庭能从正规金融机构贷到更多的金额；规模越大、固定资产越多的家庭，其借贷额越大，因为这类家庭往往更需要融资并且具有较强的还款能力；工资收入显著地负向影响家庭贷款额，这同样说明工资收入对信贷具有替代作用；日常消费额对借贷额的影响在 1% 的置信水平下显著为正，说明日常消费越高的家庭，正规借贷额越高；城市家庭的借贷额低于农村家庭的借贷额，可能是由于农村家庭的收入波动更大，需要通过借贷来平滑其消费和投资；社区经济状况在 1% 的置信水平下显著为负，从后文分析中可知，这是由于社区经济状况越好的地方，其民间借贷额越少导致的。

表 5 - 4　　　　　　　　社会网络对家庭借贷额的影响

| | （1） | （2） | （3） | （4） | （5） | （6） |
|---|---|---|---|---|---|---|
| | Tobit | Ivtobit | Tobit | Ivtobit | Tobit | Ivtobit |
| **社会网络** | | | | | | |
| ln （礼金支出） | 0.0262 ** | 0.0828 *** | | | | |
| | (0.0352) | (0.598) | | | | |
| ln （礼金往来） | | | 0.0323 ** | 0.0867 *** | | |
| | | | (0.0366) | (0.786) | | |
| ln （礼金收入） | | | | | 0.0551 * | 0.076 *** |
| | | | | | (0.0327) | (2.193) |

续表

| | （1） | （2） | （3） | （4） | （5） | （6） |
|---|---|---|---|---|---|---|
| | Tobit | Ivtobit | Tobit | Ivtobit | Tobit | Ivtobit |
| **户主特征** | | | | | | |
| 年龄 | 0.0365 *** | 0.0394 *** | 0.0367 *** | 0.0277 *** | 0.0374 *** | 0.0726 ** |
| | （0.0604） | （0.0691） | （0.0605） | （0.0771） | （0.0608） | （0.316） |
| 年龄的平方 | − 0.005 *** | − 0.005 *** | − 0.005 *** | − 0.004 *** | − 0.005 *** | − 0.009 *** |
| | （0.00061） | （0.00070） | （0.00061） | （0.00078） | （0.00061） | （0.00316） |
| 男性 | − 0.0703 | 0.107 | − 0.0706 | 0.0772 | − 0.0711 | − 0.163 |
| | （0.280） | （0.330） | （0.280） | （0.346） | （0.280） | （0.372） |
| 已婚 | 0.0537 | 0.292 ** | 0.0517 | 0.407 ** | 0.0498 | − 0.877 |
| | （0.395） | （0.604） | （0.395） | （0.661） | （0.394） | （0.950） |
| 受教育年限 | − 0.121 *** | − 0.0421 | − 0.121 *** | − 0.0446 | − 0.120 *** | − 0.0812 |
| | （0.0373） | （0.0501） | （0.0373） | （0.0523） | （0.0373） | （0.0587） |
| 有工作 | 0.0533 *** | 0.19 *** | 0.0531 *** | 0.163 *** | 0.0523 *** | 0.263 |
| | （0.333） | （0.415） | （0.333） | （0.458） | （0.333） | （0.786） |
| **家庭特征** | | | | | | |
| 家庭规模 | 0.036 *** | 0.0995 *** | 0.037 *** | 0.0966 *** | 0.029 *** | 0.0756 *** |
| | （0.0851） | （0.0979） | （0.0851） | （0.104） | （0.0852） | （0.264） |
| ln（固定资产） | 0.0725 *** | 0.036 *** | 0.0725 *** | 0.081 *** | 0.0725 *** | 0.0506 ** |
| | （0.0793） | （0.135） | （0.0793） | （0.154） | （0.0791） | （0.213） |
| ln（工资收入） | − 0.152 *** | − 0.0942 *** | − 0.152 *** | − 0.125 *** | − 0.151 *** | − 0.111 ** |
| | （0.0252） | （0.0351） | （0.0251） | （0.0323） | （0.0251） | （0.0468） |
| ln（日常消费额） | 0.0274 ** | 0.0201 ** | 0.0277 ** | 0.0335 ** | 0.0274 ** | 0.082 |
| | （0.173） | （0.517） | （0.173） | （0.591） | （0.171） | （0.736） |
| 城市户口 | − 0.822 ** | − 0.562 | − 0.825 ** | − 0.398 | − 0.826 ** | − 1.139 ** |
| | （0.321） | （0.377） | （0.321） | （0.412） | （0.321） | （0.507） |
| **社区变量** | | | | | | |
| 社区离市中心的距离 | 0.0319 *** | 0.0275 ** | 0.0319 *** | 0.0294 ** | 0.0318 *** | 0.0274 ** |
| | （0.00974） | （0.0113） | （0.00975） | （0.0118） | （0.00975） | （0.0135） |

续表

| | （1） | （2） | （3） | （4） | （5） | （6） |
|---|---|---|---|---|---|---|
| | Tobit | Ivtobit | Tobit | Ivtobit | Tobit | Ivtobit |
| **社区变量** | | | | | | |
| 社区经济状况 | −0. 230 *** | −0. 0194 | −0. 230 *** | 0. 0123 | −0. 235 *** | −0. 588 * |
| | （0. 0813） | （0. 116） | （0. 0813） | （0. 129） | （0. 0813） | （0. 325） |
| 常数项 | −13. 93 *** | −21. 92 *** | −13. 99 *** | −17. 43 *** | −14. 10 *** | −17. 91 *** |
| | （1. 831） | （3. 361） | （1. 825） | （2. 555） | （1. 826） | （4. 054） |
| 省级哑变量 | 控制 | 控制 | 控制 | 控制 | 控制 | 控制 |
| $N$ | 8331 | 8331 | 8331 | 8331 | 8331 | 8331 |
| 一阶段估计 $F$ 值 | | 36. 76 | | 26. 04 | | 18. 85 |
| 工具变量 $t$ 值 | | 6. 07 | | 5. 11 | | 1. 71 |
| DWH 统计量 $P$ 值 | | 0. 0022 | | 0. 0035 | | 0. 2623 |

为了检验社会网络对借贷额影响结果的稳健性，本部分进一步使用礼金往来、礼金收入来度量社会网络。在第（3）列，礼金往来的影响在5%的置信水平下显著为正，其边际效应为0.03；第（4）列使用两阶段估计，DWH 的 $p$ 值为0.0035，在1%的水平下拒绝了外生性假设，因而礼金往来也存在内生性，考虑内生性后，礼金往来的影响在1%的置信水平下显著，其边际效应为0.09。在第（5）列，礼金收入的影响在10%的置信水平下显著为正，其边际效应为0.06；第（6）列使用两阶段估计，DWH 的 $p$ 值为0.2623，在1%的水平下接受了外生性假设，说明 Tobit 模型估计结果是可信的。

进一步来说，本部分分别考虑社会网络对家庭的正规借贷额和民间借贷额的影响。表5－5用 Tobit 模型估计了社会网络对家庭正规借贷额的影响。在第（1）列，礼金支出的影响在1%的置信水平下显著，其边际效应为0.05。第（2）列 DWH 检验的 $p$ 值为0.006，在1%的水平下拒绝了外生性假设，说明礼金支出存在内生性，因而第（1）列基准回归结果是有偏的。第（2）列两阶段估计结果显示，礼金支出的边际效应为0.16，在1%的置信水平下显著，这表明社会网络对家庭正规借贷额有正向影响。与表5－4不同之处在于：那些户主受教育程度较高的家庭能从正规金融机构贷到更多的金额；社区经济状况在5%的置信水平下显著为正，表明家庭所处社区越富裕，正规借贷额越高。

为了检验社会网络对信贷约束影响结果的稳健性，本部分也使用了礼金往来、礼金收入来度量社会网络。其礼金往来的影响与礼金支出的影响类似，而礼金收入的影响不显著。

表 5-5　　　　　　　　　社会网络对家庭正规借贷额的影响

| | (1) | (2) | (3) | (4) | (5) | (6) |
|---|---|---|---|---|---|---|
| | Tobit | Ivtobit | Tobit | Ivtobit | Tobit | Ivtobit |
| **社会网络** | | | | | | |
| ln（礼金支出） | 0.0543 * | 0.157 *** | | | | |
| | (0.0418) | (0.668) | | | | |
| ln（礼金往来） | | | 0.0971 ** | 0.171 *** | | |
| | | | (0.0432) | (0.869) | | |
| ln（礼金收入） | | | | | −0.0493 | 0.148 |
| | | | | | (0.0373) | (0.610) |
| **户主特征** | | | | | | |
| 年龄 | 0.0517 | 0.0844 | 0.0465 | −0.0415 | 0.0432 | −0.308 |
| | (0.0717) | (0.0798) | (0.0718) | (0.0885) | (0.0716) | (0.371) |
| 年龄的平方 | −0.0016 ** | −0.0021 ** | −0.0016 ** | −0.00059 | −0.0016 ** | 0.002 |
| | (0.0007) | (0.0008) | (0.0007) | (0.0009) | (0.0007) | (0.0037) |
| 男性 | −0.0758 | −0.0944 | −0.266 | −0.121 | −0.271 | −0.173 |
| | (0.314) | (0.359) | (0.313) | (0.371) | (0.313) | (0.404) |
| 已婚 | −0.0357 | 0.0225 * | −0.00820 | 0.0357 * | −0.0399 | 0.887 |
| | (0.478) | (0.694) | (0.478) | (0.753) | (0.477) | (1.122) |
| 受教育年限 | 0.205 *** | 0.286 *** | 0.205 *** | 0.283 *** | 0.202 *** | 0.164 ** |
| | (0.0451) | (0.0576) | (0.0451) | (0.0597) | (0.0451) | (0.0667) |
| 有工作 | 0.0246 *** | 0.0750 *** | 0.0261 *** | 0.0905 *** | 0.0249 *** | 0.0907 *** |
| | (0.394) | (0.476) | (0.394) | (0.520) | (0.394) | (0.927) |
| **家庭特征** | | | | | | |
| 家庭规模 | 0.0489 *** | 0.0446 *** | 0.0488 *** | 0.0416 *** | 0.0499 *** | 0.0770 ** |
| | (0.104) | (0.117) | (0.104) | (0.122) | (0.104) | (0.310) |

续表

| | (1) | (2) | (3) | (4) | (5) | (6) |
|---|---|---|---|---|---|---|
| | Tobit | Ivtobit | Tobit | Ivtobit | Tobit | Ivtobit |
| **家庭特征** | | | | | | |
| ln（固定资产） | 0.122*** | 0.449*** | 0.129*** | 0.497*** | 0.117*** | 0.335*** |
| | (0.115) | (0.171) | (0.115) | (0.188) | (0.115) | (0.263) |
| ln（工资收入） | −0.192*** | −0.132*** | −0.192*** | −0.164*** | −0.195*** | −0.233*** |
| | (0.0309) | (0.0401) | (0.0309) | (0.0370) | (0.0309) | (0.0558) |
| ln（日常消费额） | 0.0876*** | 0.384*** | 0.0904*** | 0.532*** | 0.0855*** | 0.660* |
| | (0.219) | (0.591) | (0.219) | (0.667) | (0.218) | (0.874) |
| 城市户口 | 0.0752 | 0.334 | 0.0835 | 0.507 | 0.0779 | 0.397 |
| | (0.374) | (0.429) | (0.374) | (0.464) | (0.374) | (0.564) |
| **社区变量** | | | | | | |
| 社区离市中心的距离 | 0.0622*** | 0.0584*** | 0.0622*** | 0.0604*** | 0.0623*** | 0.0666*** |
| | (0.0123) | (0.0139) | (0.0123) | (0.0144) | (0.0123) | (0.0157) |
| 社区经济状况 | 0.216** | 0.434*** | 0.222** | 0.470*** | 0.216** | 0.568 |
| | (0.0971) | (0.133) | (0.0971) | (0.146) | (0.0973) | (0.382) |
| 常数项 | −32.52*** | −40.88*** | −32.47*** | −36.12*** | −32.27*** | −28.47*** |
| | (2.311) | (4.001) | (2.313) | (3.067) | (2.311) | (4.740) |
| 省级哑变量 | 控制 | 控制 | 控制 | 控制 | 控制 | 控制 |
| 样本数 | 8331 | 8331 | 8331 | 8331 | 8331 | 8331 |
| 一阶段估计 $F$ 值 | | 33.76 | | 26.04 | | 18.85 |
| 工具变量 $t$ 值 | | 6.07 | | 5.11 | | 2.72 |
| DWH 统计量 $P$ 值 | | 0.0062 | | 0.0091 | | 0.2223 |

当家庭有信贷需求但受到正规信贷约束时，这些家庭可能转向民间借贷。为此，表 5 - 6 进一步用 Tobit 模型估计了社会网络对家庭民间借贷额的影响。第（1）、（2）列是社会礼金支出对民间借贷额的影响。在第（1）列，礼金支出的影响在 10% 的置信水平下显著，其边际效应为 0.07。第（2）列 DWH 检验的 $p$ 值为 0.006，在 1% 的水平下拒绝了外生性假设，说明礼金支出存在内生性，因而第（1）列基准回归结果是有偏的。第（2）列两阶段

估计结果显示，礼金支出的边际效应为 0.01，在 1% 的置信水平下显著，这表明社会网络对家庭民间借贷额也有正向影响，但对正规借贷额的影响更大。与社会网络对正规借贷额影响不同的是，户主年龄与民间借贷额之间的关系呈倒 U 型；户主受教育程度与家庭参与民间借贷的深度负相关；较城市家庭，农村家庭的民间借贷额更大；社区经济状况好的家庭民间借贷额较少。

为了检验社会网络对信贷约束影响结果的稳健性，本部分进一步使用礼金往来、礼金收入来度量社会网络。其结果与礼金支出的影响类似。

表 5 - 6　　　　　　　　　　社会网络对家庭民间借贷额的影响

| | （1） | （2） | （3） | （4） | （5） | （6） |
| --- | --- | --- | --- | --- | --- | --- |
| | Tobit | Ivtobit | Tobit | Ivtobit | Tobit | Ivtobit |
| **社会网络** | | | | | | |
| ln（礼金支出） | 0.0772 * | 0.0967 *** | | | | |
| | （0.0442） | （0.713） | | | | |
| ln（礼金往来） | | | 0.0996 ** | 0.108 ** | | |
| | | | （0.0463） | （0.927） | | |
| ln（礼金收入） | | | | | 0.0708 *** | 0.0840 *** |
| | | | | | （0.0419） | （0.720） |
| **户主特征** | | | | | | |
| 年龄 | 0.0561 *** | 0.0590 *** | 0.0566 *** | 0.0468 *** | 0.0577 *** | - 0.0394 |
| | （0.0793） | （0.0869） | （0.0794） | （0.0956） | （0.0800） | （0.715） |
| 年龄的平方 | - 0.007 *** | - 0.0074 *** | - 0.007 *** | - 0.0059 *** | - 0.0071 *** | 0.0026 |
| | （0.0008） | （0.0009） | （0.0008） | （0.001） | （0.0008） | （0.0071） |
| 男性 | 0.0226 | 0.0419 | 0.0226 | 0.0387 | 0.0229 | 0.0482 |
| | （0.363） | （0.409） | （0.363） | （0.425） | （0.363） | （0.770） |
| 已婚 | 0.0315 | 0.0648 ** | 0.0310 | 0.0772 ** | 0.0333 | 0.0896 |
| | （0.510） | （0.739） | （0.510） | （0.799） | （0.509） | （2.110） |
| 受教育年限 | - 0.0272 *** | - 0.0187 *** | - 0.0272 *** | - 0.0190 *** | - 0.0268 *** | - 0.0374 *** |
| | （0.0470） | （0.0604） | （0.0470） | （0.0624） | （0.0470） | （0.124） |
| 有工作 | 0.0292 *** | 0.181 *** | 0.0287 *** | 0.196 *** | 0.0281 *** | 0.136 * |
| | （0.421） | （0.505） | （0.421） | （0.550） | （0.421） | （0.532） |

续表

| | （1） | （2） | （3） | （4） | （5） | （6） |
|---|---|---|---|---|---|---|
| | Tobit | Ivtobit | Tobit | Ivtobit | Tobit | Ivtobit |
| **家庭特征** | | | | | | |
| 家庭规模 | 0.284 *** | 0.239 *** | 0.285 *** | 0.209 *** | 0.268 *** | 0.210 *** |
| | （0.104） | （0.116） | （0.104） | （0.122） | （0.104） | （0.159） |
| ln（固定资产） | 0.0494 *** | 0.0826 *** | 0.0492 *** | 0.0874 *** | 0.0498 *** | 0.103 ** |
| | （0.0939） | （0.158） | （0.0938） | （0.180） | （0.0935） | （0.0947） |
| ln（工资收入） | -0.143 *** | -0.0813 * | -0.142 *** | -0.113 *** | -0.140 *** | -0.248 ** |
| | （0.0314） | （0.0418） | （0.0313） | （0.0383） | （0.0313） | （0.103） |
| ln（日常消费额） | 0.0756 *** | 0.0827 | 0.0768 *** | 0.0966 | 0.0735 *** | 0.0904 |
| | （0.214） | （0.614） | （0.214） | （0.696） | （0.211） | （0.671） |
| 城市户口 | -0.0261 *** | -0.0975 ** | -0.268 *** | -0.0803 | -0.0268 *** | -0.0901 |
| | （0.407） | （0.461） | （0.407） | （0.497） | （0.407） | （0.470） |
| **社区变量** | | | | | | |
| 社区离市中心的距离 | 0.0277 ** | 0.0230 * | 0.0277 ** | 0.0250 * | 0.0273 ** | 0.0398 |
| | （0.0118） | （0.0134） | （0.0118） | （0.0139） | （0.0118） | （0.0281） |
| 社区经济状况 | -0.469 *** | -0.243 * | -0.471 *** | -0.210 | -0.475 *** | 0.498 |
| | （0.103） | （0.140） | （0.103） | （0.155） | （0.103） | （0.735） |
| 常数项 | -13.77 *** | -22.30 *** | -13.94 *** | -17.59 *** | -14.22 *** | -3.727 |
| | （2.359） | （4.030） | （2.351） | （3.071） | （2.355） | （8.897） |
| 省级哑变量 | 控制 | 控制 | 控制 | 控制 | 控制 | 控制 |
| 样本数 | 8331 | 8331 | 8331 | 8331 | 8331 | 8331 |
| 一阶段估计 F 值 | | 33.76 | | 26.04 | | 18.85 |
| 工具变量 t 值 | | 6.07 | | 5.11 | | 2.72 |
| DWH 统计量 P 值 | | 0.0064 | | 0.0088 | | 0.0282 |

综上所述，表5-4、表5-5和表5-6的估计结果一致表明，社会网络对家庭借贷额具有显著地正向影响，而且对正规借款额的影响比民间借款额的影响更大。

# 五、进一步讨论

前文的分析表明，社会网络能够促进家庭的信贷需求，并且缓解家庭受到的信贷约束，对于有借款的家庭来说，社会网络对家庭借款额具有显著地正向影响。然而，社会网络是如何缓解信贷约束？下面进一步探讨社会网络缓解信贷约束的机制。

## （一）社会网络和金融知识

首先，我们用多元 Probit 模型考察社会网络对金融知识的影响；然后再用 Probit 模型考察金融知识对信贷约束的影响。

对金融知识变量的衡量本文将用"受访者回答问题时，是否需要访员解释"来衡量受访者金融知识水平的高低，该值越大，受访者越不需要访员解释问卷问题，从而说明受访者金融知识越丰富①，不过，金融知识可能存在内生性问题。一方面，金融知识本身会受投资行为的影响，人们未必是在拥有一定在金融知识后才进行借贷活动，相反，人们在参与借贷过程中，可以通过不断学习积累金融知识。受访者在被访问时，也许通过被访问前所参与的金融市场活动已积累了丰富的金融知识，这样在回答问卷问题时就不怎么需要访员进行解释。另一方面，金融知识水平和金融市场参与可能同时受到其他外生因素的影响，如当地的历史、社会、文化、习俗等因素，而这些因素无法观测到。金融知识可能存在的内生性问题，会导致估计结果出现偏误。因而，经过反复检验，本文选取普通话水平作为金融知识的工具变量进行估计。调查访员主要用普通话进行访问，因而受访者普通话水平越高越不需要访员就问卷问题进行解释。一般而言，普通话水平越高的人，受教育水平越高，他们更容易理解金融产品特性，金融知识越丰富。并且，一个人的普通话水平在工作、成家之前就基本确立，与家庭的金融市场参与和资产选择无直接关系。同时，中共中央金融工作

---

① 问卷中问题为［J2005］受访者回答问题时，需要您来解释吗？（1）根本不需要；（2）基本上不需要；（3）偶尔需要；（4）经常需要；（5）频繁需要；（6）一直需要。为使结果更直观，我们将（1）一直需要归类为无金融知识；将（2）频繁需要；（3）经常需要归类为金融知识少；将（4）偶尔需要归类为金融知识一般；将（5）基本上不需要；（6）根本不需要归类为金融知识丰富。也就是说，J2005 越大，受访者越不需要访员解释问卷问题，其金融知识水平越高。

委员会、教育部以及国家语言工作委员会自 2000 年左右就要求在金融系统推广普通话。居民普通话水平的提高有利于信息的准确传递和理解，从而更好地了解金融系统的业务和产品。因而，普通话水平作为工具变量，满足工具变量的两个基本条件，与关注变量相关，与被解释变量没有直接的关系。因而，我们认为用普通话水平作为金融知识的工具变量是合适的，后文将对此进行相关检验。

表 5 - 7 是运用多元 Probit 模型估计的社会网络（礼金支出）对金融知识的影响，以无金融知识为参照组，第（1）列至第（3）列的因变量分别是金融知识少、金融知识一般、金融知识丰富时社会网络对它的影响，当金融知识的值少时，社会网络的边际效应为 0.004，影响不显著；当金融知识的值一般时，社会网络的边际效应为 0.028，在 5% 的水平下显著，即社会网络增加 1%，家庭获的金融知识将增加 0.028 单位；当金融知识丰富时，社会网络的边际效应为 0.057，在 1% 的水平下显著，即社会网络增加 1%，家庭获的金融知识将增加 0.057 个单位。因此，社会网络对金融知识有显著的正向影响，且随着金融知识的增加，社会网络对其的影响越显著。

表 5 - 7　　　　　　社会网络（礼金支出）对金融知识的影响

| | （1） | （2） | （3） |
|---|---|---|---|
| | 金融知识少 | 金融知识一般 | 金融知识丰富 |
| ln（礼金支出） | 0.00432 | 0.0286 ** | 0.0573 *** |
| | (0.0139) | (0.0136) | (0.0136) |
| **户主特征** | | | |
| 年龄 | 0.0528 *** | 0.0642 *** | 0.0425 ** |
| | (0.0201) | (0.0193) | (0.0194) |
| 年龄的平方 | - 0.000381 ** | - 0.000630 *** | - 0.000499 *** |
| | (0.000186) | (0.000181) | (0.000182) |
| 男性 | - 0.0369 | 0.127 | 0.274 ** |
| | (0.116) | (0.113) | (0.113) |
| 已婚 | - 0.0662 | - 0.165 | - 0.117 |
| | (0.149) | (0.145) | (0.145) |

续表

| | （1） | （2） | （3） |
|---|---|---|---|
| | 金融知识少 | 金融知识一般 | 金融知识丰富 |
| **户主特征** | | | |
| 受教育年限 | - 0.0263 * | 0.0249 | 0.0725 *** |
| | (0.0159) | (0.0157) | (0.0158) |
| 有工作 | 0.166 | - 0.0455 | 0.0376 |
| | (0.135) | (0.131) | (0.131) |
| **家庭特征** | | | |
| 家庭规模 | 0.0167 | 0.0205 | - 0.0288 |
| | (0.0356) | (0.0350) | (0.0353) |
| ln（固定资产） | - 0.0511 * | - 0.0415 | - 0.0246 |
| | (0.0309) | (0.0304) | (0.0303) |
| ln（工资收入） | 0.0148 | 0.0125 | 0.0184 * |
| | (0.00980) | (0.00954) | (0.00954) |
| ln（日常消费额） | 0.0849 | 0.270 *** | 0.412 *** |
| | (0.0681) | (0.0686) | (0.0686) |
| 城市户口 | - 0.192 | - 0.0166 | 0.274 ** |
| | (0.131) | (0.128) | (0.128) |
| **社区变量** | | | |
| 社区离市中心的距离 | 0.00892 ** | 0.00788 ** | 0.00882 ** |
| | (0.00401) | (0.00393) | (0.00394) |
| 社区经济状况 | 0.0982 *** | 0.103 *** | 0.178 *** |
| | (0.0361) | (0.0349) | (0.0348) |
| 常数项 | - 0.777 | - 2.053 *** | - 3.415 *** |
| | (0.688) | (0.672) | (0.673) |
| 省级哑变量 | 控制 | 控制 | 控制 |
| 样本数 | 8331 | 8331 | 8331 |

为了说明估计结果的稳定性，我们也使用礼金往来、礼金收入来衡量社会网络，检验其对金融知识的影响，估计结果依然表明，社会网络对金融知

识有显著的正向影响，社会网络能促进金融知识增加，为节省篇幅，结果没有报告。接下来，将用 Probit 模型考察金融知识对信贷约束的影响。

表 5 - 8 第（1）列估计了金融知识对信贷约束的影响，其结果表明，金融知识对信贷约束有显著的负向影响，金融知识的边际效应为 - 0.065，在 1% 水平上显著，即金融知识增加一个单位，家庭受到信贷约束的概率将减少 0.065。考虑第（1）列估计中金融知识可能存在内生性问题，从而导致估计结果是有偏的，为解决这一问题，在估计（2）中我们用普通话水平作为金融知识的工具变量进行了两阶段估计。第（2）列报告了用 Durbin - Wu - Hausman 检验（以下简称 DWH 检验）金融知识内生性的结果，$p$ 值为 0.005，在 1% 的显著性水平下拒绝了不存在内生性的假设，因而金融知识存在内生性。在两阶段工具变量估计中，一阶段估计的 $F$ 值为 962.83，工具变量的 $t$ 值为 5.37。根据斯托克和雨果（Stock and Yogo，2005），$F$ 值大于 10% 偏误水平下的临界值为 16.38。因而，用普通话水平作为金融知识的工具变量是合适的，不存在弱工具变量问题。在第（2）列估计中，金融知识水平变量的边际效应为 - 0.32，在 1% 水平上显著，第（2）列的估计系数较第（1）列显著上升，说明金融知识的内生性对估计结果有重要影响。因此，第（2）列用工具变量估计的结果进一步表明，金融知识的增加可以减少家庭受到信贷约束的概率，从而缓解家庭信贷约束。

表 5 - 8　　　　　　　　　金融知识对信贷约束的影响

| | （1） | （2） |
|---|---|---|
| | Probit | Ivprobit |
| 金融知识 | - 0.0652 *** | - 0.317 *** |
| | （0.0167） | （0.0478） |
| **户主特征** | | |
| 年龄 | 0.0471 *** | 0.0469 *** |
| | （0.00815） | （0.00798） |
| 年龄的平方 | - 0.000536 *** | - 0.000555 *** |
| | （8.02e - 05） | （7.84e - 05） |
| 男性 | 0.0687 * | 0.104 *** |
| | （0.0399） | （0.0397） |

续表

| | （1） | （2） |
|---|---|---|
| | Probit | Ivprobit |
| **户主特征** | | |
| 已婚 | 0.0819 | 0.0773 |
| | （0.0552） | （0.0544） |
| 受教育年限 | − 0.0210 *** | − 0.00872 |
| | （0.00523） | （0.00568） |
| 有工作 | 0.140 *** | 0.128 *** |
| | （0.0449） | （0.0443） |
| **家庭特征** | | |
| 家庭规模 | 0.0605 *** | 0.0538 *** |
| | （0.0115） | （0.0114） |
| ln（固定资产） | 0.0659 *** | 0.0676 *** |
| | （0.00939） | （0.00937） |
| ln（工资收入） | − 0.0120 *** | − 0.0101 *** |
| | （0.00343） | （0.00339） |
| ln（日常消费额） | − 0.126 *** | − 0.0775 *** |
| | （0.0236） | （0.0251） |
| 城市户口 | − 0.236 *** | − 0.181 *** |
| | （0.0440） | （0.0449） |
| **社区变量** | | |
| 社区离市中心的距离 | 0.000171 | 0.000271 |
| | （0.00133） | （0.00132） |
| 社区经济状况 | − 0.0580 *** | − 0.0406 *** |
| | （0.0115） | （0.0119） |
| 常数项 | − 1.104 *** | − 0.520 * |
| | （0.246） | （0.269） |
| 省级哑变量 | 控制 | 控制 |
| 样本数 | 8331 | 8331 |

续表

| | （1） | （2） |
|---|---|---|
| | Probit | Ivprobit |
| 一阶段估计 $F$ 值 | | 962.83 |
| 工具变量 $t$ 值 | | 5.37 |
| DWH 统计量 $P$ 值 | | 0.0052 |

本小节的分析表明，社会网络能够促进家庭金融知识的增加，而金融知识的增加有助于缓解家庭信贷约束。

## （二） 社会网络和无信心借款

前文指出，受信贷约束的家庭主要分为两种：一种是申请了贷款被拒绝；一种是担心被拒而未申请贷款。本小节，我们将运用 Probit 模型分别考察社会网络对这两种受信贷约束家庭的影响。

表 5 - 9 第（1）列估计了社会网络对贷款被拒的影响，其结果表明，社会网络对贷款被拒影响不显著。考虑第（1）列估计中社会网络可能存在内生性问题，在估计（2）中我们用社区内除本家庭以外其他家庭礼金支出的平均数作为工具变量进行了两阶段估计，第（2）列估计依然表明社会网络对贷款被拒影响不显著。进一步，第（3）列和第（5）列分别使用礼金往来、礼金收入作为社会网络的代理变量，考察其对贷款被拒的影响时，也说明社会网络对贷款被拒影响不显著，考虑到社会网络可能存在内生性从而导致估计结果有偏，在第（4）列和第（6）列使用两阶段估计，结果也表明社会网络对贷款被拒影响不显著。因此，估计结果一致表明社会网络对贷款被拒没有显著影响。

表 5 - 9　　　　　　　　　社会网络对贷款被拒者的影响

| | （1） | （2） | （3） | （4） | （5） | （6） |
|---|---|---|---|---|---|---|
| | Probit | Ivprobit | Probit | Ivprobit | Probit | Ivprobit |
| **社会网络** | | | | | | |
| ln（礼金支出） | - 0.00217 | - 0.0468 | | | | |
| | (0.00776) | (0.0977) | | | | |

续表

| | （1） | （2） | （3） | （4） | （5） | （6） |
|---|---|---|---|---|---|---|
| | Probit | Ivprobit | Probit | Ivprobit | Probit | Ivprobit |
| **社会网络** | | | | | | |
| ln（礼金往来） | | | − 0.00790 | − 0.0576 | | |
| | | | （0.00797） | （0.120） | | |
| ln（礼金收入） | | | | | − 0.0114 | − 0.144 |
| | | | | | （0.00768） | （0.245） |
| **户主特征** | | | | | | |
| 年龄 | 0.00818 | 0.00874 | 0.00762 | 0.00554 | 0.00628 | − 0.0132 |
| | （0.0143） | （0.0142） | （0.0143） | （0.0152） | （0.0143） | （0.0404） |
| 年龄的平方 | − 0.000138 | − 0.000145 | − 0.000132 | − 0.000108 | − 0.000118 | 8.26e − 05 |
| | （0.000145） | （0.000144） | （0.000145） | （0.000157） | （0.000144） | （0.000428） |
| 男性 | 0.262 *** | 0.263 *** | 0.262 *** | 0.261 *** | 0.263 *** | 0.236 * |
| | （0.0748） | （0.0740） | （0.0748） | （0.0740） | （0.0748） | （0.132） |
| 已婚 | 0.00603 | 0.0361 | 0.00978 | 0.0393 | 0.0127 | 0.0607 |
| | （0.0975） | （0.113） | （0.0974） | （0.116） | （0.0969） | （0.119） |
| 受教育年限 | − 0.0129 | − 0.0108 | − 0.0127 | − 0.0109 | − 0.0130 | − 0.0135 |
| | （0.00888） | （0.00988） | （0.00888） | （0.00988） | （0.00889） | （0.00831） |
| 有工作 | 0.0583 | 0.0691 | 0.0606 | 0.0733 | 0.0613 | 0.0939 |
| | （0.0765） | （0.0795） | （0.0765） | （0.0815） | （0.0765） | （0.0829） |
| **家庭特征** | | | | | | |
| 家庭规模 | 0.0344 * | 0.0331 * | 0.0342 * | 0.0323 * | 0.0357 ** | 0.0459 ** |
| | （0.0176） | （0.0178） | （0.0176） | （0.0184） | （0.0176） | （0.0188） |
| ln（固定资产） | 0.0269 | 0.0340 | 0.0280 * | 0.0354 | 0.0275 | 0.0358 ** |
| | （0.0170） | （0.0233） | （0.0169） | （0.0245） | （0.0171） | （0.0180） |
| ln（工资收入） | − 0.0208 *** | − 0.0191 *** | − 0.0207 *** | − 0.0199 *** | − 0.0210 *** | − 0.0205 ** |
| | （0.00596） | （0.00713） | （0.00596） | （0.00646） | （0.00598） | （0.00820） |
| ln（日常消费额） | 0.0739 * | 0.109 | 0.0776 * | 0.112 | 0.0770 * | 0.111 ** |
| | （0.0400） | （0.0829） | （0.0402） | （0.0877） | （0.0399） | （0.0554） |

续表

| | （1） | （2） | （3） | （4） | （5） | （6） |
|---|---|---|---|---|---|---|
| | Probit | Ivprobit | Probit | Ivprobit | Probit | Ivprobit |
| **家庭特征** | | | | | | |
| 城市户口 | -0.229*** | -0.220*** | -0.228*** | -0.216** | -0.228*** | -0.184 |
| | （0.0761） | （0.0807） | （0.0761） | （0.0853） | （0.0762） | （0.159） |
| **社区变量** | | | | | | |
| 社区离市中心的距离 | -0.000804 | -0.000910 | -0.000807 | -0.000859 | -0.000775 | -0.000450 |
| | （0.00233） | （0.00233） | （0.00233） | （0.00232） | （0.00232） | （0.00225） |
| 社区经济状况 | -0.0543*** | -0.0487** | -0.0534*** | -0.0475* | -0.0529*** | -0.0278 |
| | （0.0195） | （0.0240） | （0.0195） | （0.0254） | （0.0195） | （0.0635） |
| 常数项 | -2.486*** | -2.649*** | -2.488*** | -2.530*** | -2.469*** | -1.970 |
| | （0.417） | （0.506） | （0.416） | （0.413） | （0.414） | （1.618） |
| 省级哑变量 | 控制 | 控制 | 控制 | 控制 | 控制 | 控制 |
| 样本数 | 8331 | 8331 | 8331 | 8331 | 8331 | 8331 |
| 最大似然函数值 | -3685.03 | | -3681.46 | | -3682.03 | |
| 一阶段估计 $F$ 值 | | 36.77 | | 26.04 | | 18.85 |
| 工具变量 $t$ 值 | | 4.10 | | 4.14 | | 4.97 |
| DWH 统计量 $P$ 值 | | 0.0000 | | 0.0000 | | 0.0000 |

表 5-10 第（1）列估计了社会网络对无信心贷款者的影响，其结果表明，其结果表明，社会网络对无信心贷款者有显著的负向影响，社会网络的边际效应为 -0.011，在 5% 水平上显著。同样，考虑第（1）列估计中社会网络可能存在内生性问题，在估计（2）中我进行了两阶段估计，在第（2）列估计中，金融知识水平变量的边际效应为 -0.20，在 1% 水平上显著，第（2）列的估计系数和显著性较第（1）列都显著上升，说明社会网络的内生性对估计结果有重要影响。因此，第（2）列用工具变量估计的结果进一步表明，社会网络可以减少无信心贷款者。

进一步，第（3）列和第（5）列分别使用礼金往来、礼金收入作为社会网络的代理变量，考察其对无信心贷款者的影响，也说明社会网络对无信心贷款者有显著的负向影响，考虑到社会网络可能存在内生性从而导致估计结果有偏，在第（4）列和第（6）列使用两阶段估计，结果也表明社会网络对无信心贷款者有显著的负向影响。因此，估计结果一致表明社会网络社会网络可以减少无信心贷款者。

表 5 - 10　　　　　　　　社会网络对无信心贷款者的影响

| | （1） | （2） | （3） | （4） | （5） | （6） |
|---|---|---|---|---|---|---|
| | Probit | Ivprobit | Probit | Ivprobit | Probit | Ivprobit |
| **社会网络** | | | | | | |
| ln（礼金支出） | − 0. 0113 ** | − 0. 202 *** | | | | |
| | （0. 00498） | （0. 0347） | | | | |
| ln（礼金往来） | | | − 0. 0186 *** | − 0. 227 *** | | |
| | | | （0. 00522） | （0. 0357） | | |
| ln（礼金收入） | | | | | − 0. 0156 *** | − 0. 137 *** |
| | | | | | （0. 00469） | （0. 0699） |
| **户主特征** | | | | | | |
| 年龄 | 0. 0525 *** | 0. 0409 *** | 0. 0538 *** | 0. 0256 ** | 0. 0555 *** | − 0. 0864 |
| | （0. 00855） | （0. 00868） | （0. 00857） | （0. 0103） | （0. 00865） | （0. 0997） |
| 年龄的平方 | − 0. 000572 *** | − 0. 000455 *** | − 0. 000587 *** | − 0. 000277 ** | − 0. 000603 *** | − 0. 000811 *** |
| | （8. 36e − 05） | （8. 71e − 05） | （8. 38e − 05） | （0. 000108） | （8. 46e − 05） | （0. 00993） |
| 男性 | 0. 0172 | 0. 0327 | 0. 0170 | 0. 0267 | 0. 0174 | 0. 0546 |
| | （0. 0410） | （0. 0349） | （0. 0410） | （0. 0337） | （0. 0410） | （0. 107） |
| 已婚 | 0. 0790 | 0. 198 *** | 0. 0767 | 0. 192 *** | 0. 0834 | 0. 0459 |
| | （0. 0572） | （0. 0494） | （0. 0573） | （0. 0472） | （0. 0573） | （0. 0294） |
| 受教育年限 | − 0. 0238 *** | − 0. 00836 | − 0. 0241 *** | − 0. 00790 | − 0. 0233 *** | − 0. 0391 ** |
| | （0. 00534） | （0. 00601） | （0. 00534） | （0. 00595） | （0. 00536） | （0. 0172） |
| 有工作 | 0. 133 *** | 0. 151 *** | 0. 131 *** | 0. 152 *** | 0. 132 *** | 0. 138 ** |
| | （0. 0467） | （0. 0405） | （0. 0467） | （0. 0390） | （0. 0467） | （0. 0241） |
| **家庭特征** | | | | | | |
| 家庭规模 | 0. 0586 *** | 0. 0374 *** | 0. 0589 *** | 0. 0310 ** | 0. 0564 *** | 0. 166 ** |
| | （0. 0118） | （0. 0120） | （0. 0118） | （0. 0126） | （0. 0118） | （0. 0821） |

续表

| | （1） | （2） | （3） | （4） | （5） | （6） |
|---|---|---|---|---|---|---|
| | Probit | Ivprobit | Probit | Ivprobit | Probit | Ivprobit |
| **家庭特征** | | | | | | |
| ln（固定资产） | 0. 0650 *** | 0. 0821 *** | 0. 0641 *** | 0. 0790 *** | 0. 0656 *** | 0. 154 ** |
| | （0. 00957） | （0. 00853） | （0. 00957） | （0. 00857） | （0. 00954） | （0. 0659） |
| ln（工资收入） | − 0. 00844 ** | 0. 000376 | − 0. 00829 ** | − 0. 00269 | − 0. 00787 ** | − 0. 0238 * |
| | （0. 00355） | （0. 00367） | （0. 00355） | （0. 00329） | （0. 00355） | （0. 0143） |
| ln（日常消费额） | − 0. 180 *** | 0. 0370 | − 0. 185 *** | 0. 0469 | − 0. 178 *** | 0. 148 |
| | （0. 0247） | （0. 0500） | （0. 0247） | （0. 0499） | （0. 0244） | （0. 233） |
| 城市户口 | − 0. 217 *** | − 0. 125 *** | − 0. 219 *** | − 0. 0965 * | − 0. 218 *** | − 0. 0898 * |
| | （0. 0455） | （0. 0476） | （0. 0456） | （0. 0497） | （0. 0456） | （0. 146） |
| **社区变量** | | | | | | |
| 社区离市中心的距离 | 0. 000988 | 0. 000214 | 0. 000972 | 0. 000376 | 0. 000933 | 0. 00275 |
| | （0. 00135） | （0. 00118） | （0. 00135） | （0. 00115） | （0. 00136） | （0. 00393） |
| 社区经济状况 | − 0. 0564 *** | − 0. 0174 | − 0. 0574 *** | − 0. 0127 | − 0. 0573 *** | 0. 0843 |
| | （0. 0118） | （0. 0141） | （0. 0118） | （0. 0143） | （0. 0118） | （0. 102） |
| 常数项 | − 1. 304 *** | − 1. 838 *** | − 1. 327 *** | − 1. 220 *** | − 1. 379 *** | − 1. 520 *** |
| | （0. 255） | （0. 218） | （0. 255） | （0. 238） | （0. 256） | （0. 239） |
| 省级哑变量 | 控制 | 控制 | 控制 | 控制 | 控制 | 控制 |
| 样本数 | 8331 | 8331 | 8331 | 8331 | 8331 | 8331 |
| 最大似然函数值 | − 3685. 03 | | − 3681. 46 | | − 3682. 03 | |
| 一阶段估计 $F$ 值 | | 36. 77 | | 26. 04 | | 24. 50 |
| 工具变量 $t$ 值 | | 4. 10 | | 4. 14 | | 4. 97 |
| DWH 统计量 $P$ 值 | | 0. 0000 | | 0. 0000 | | 0. 0000 |

本研究的分析表明，社会网络对贷款被拒没有显著影响，但减少了无信心贷款者，从而缓解了信贷约束。

# 六、本章小结

家庭通过资产的跨期配置能够平滑消费，实现家庭长期效用的最大化。但家庭能否实现资产有效跨期配置取决于家庭能否自由借贷，因此缓解流动性约束对提高家庭福利水平具有重要意义。中国作为一个重视"关系"的传统国家，其家庭的社会网络通常对于信贷需求和信贷约束有影响。本章基于中国家庭金融调查数据，运用 Biprobit 模型和 Tobit 模型研究了社会网络对信贷需求、信贷约束影响。为了克服社会网络的内生性对估计结果带来的影响，本章引入了工具变量进行两阶段估计。

本部分的研究结果一致表明，社会网络能够促进家庭的信贷需求，并且缓解家庭受到的信贷约束，对于有借款的家庭来说，社会网络对家庭借款额具有显著地正向影响，而且这种影响对于正规借款额的影响比民间借款额的影响大，说明"关系"对家庭从正规金融机构获得贷款同样起到了非常重要的作用，而民间借款主要取决于关系的紧密程度。进一步，社会网络主要是通过促进家庭增加金融知识和减少无信心贷款者两种途径来缓解信贷约束的。

本章的研究结果还显示，户主年龄与信贷需求、信贷约束以及借贷额之间的关系呈倒 U 型；那些户主受教育程度较高的家庭信贷需求较少，即使有信贷需求也较少受到信贷约束，并且受教育程度与正规借贷额正相关，与民间借贷负相关。户主有工作、规模大、固定资产多、日常消费多的家庭，其信贷需求较高，受信贷约束的概率较小，获得的借贷款额度也较大，因为一般而言，这些家庭有更强的还款能力；虽然工资收入高的家庭受信贷约束的概率较小，但他们信贷需求较低，且借贷额较小，说明工资收入对信贷需求具有替代作用；相较于农村家庭，城市家庭需要信贷的可能性较低，受信贷约束的概率也较小，其民间借贷额也较低；所在社区离市中心的距离越近，家庭受信贷约束的概率越小，获得的借款总额越多；社区经济状况与信贷需求负相关，与信贷约束正相关，与正规借贷额正相关，但与民间借贷额负相关，说明社区经济状况好的地方，家庭借款主要通过正规金融机构。

上述研究结果表明，在现有金融机构信贷机制不够健全和利率未完全市场化的情况下，正规金融机构存在着较为严重的信贷配给，有许多家庭的信贷需求为此得不到满足，需要依靠民间借贷。建立广泛的、高质量的社会网络有助于家庭增加信贷需求，缓解信贷约束，从而增加家庭福利水平。同时，社会网络还可以通过缓解信息不对称等问题促进金融机构的发展。本章的结果也显示，相较于城市家庭，农村家庭更易受到信贷约束，政府应当积极改善农村金融环境，扩展农村金融服务，鼓励和促进农村信用社、村镇银行和小额信贷公司等新型金融机构的发展，以便能够更好地服务三农。

# 第六章

# 信贷约束与家庭资产选择

## 一、引　言

　　家庭资产选择，对提高家庭收入水平，将储蓄转化为投资继而实现家庭财富目标，具有重要意义。一方面，家庭金融投资有利于增加家庭财产性收入。家庭金融资产投资所获得的利息和红利收入是中国居民财产性收入的重要来源，占比超过 80%（梁达，2013）。财产性收入，是衡量一个国家市场化和国民富裕程度的重要标志。美国居民的财产性收入占总收入的 40%，仅次于工资性收入，而目前中国家庭财产性收入在总收入中的占比还不到 3%（梁达，2013）。另一方面，增加家庭资产投资比例有利于储蓄转化为投资。中国是世界上储蓄率最高的国家之一，2012 年中国城乡居民在银行的储蓄存款已经超过 42 万亿，中国国民储蓄率高达 52%（郭树清，2012），而中国家庭的平均储蓄率 29.2%，但股市参与率仅为8.8%（甘犁、尹志超等，2012）。因此，本章对家庭资产选择行为的研究具有重要意义。

　　家庭资产选择理论主要研究家庭可供选择的资产种类以及资产配置的决定因素。现实中，家庭同时面临两个决策：消费和储蓄之间如何分配，以及金融资产中风险资产的配置比例。生命周期理论（Modigliani，1954）和持久收入理论（Friedman，1957）主要分析了家庭的第一个决策，认为家庭通过资产的跨期配置来平滑消费，实现家庭长期效用的最大化。然而家庭能否实现资产的有效跨期配置很大程度上取决于家庭能否自由借贷，并且受流动性及短期出售资产的限制，家庭的消费储蓄行为和资产选择行为密切相关：预期未来收入下降的家庭，为了维持一定的消费水平，会选择流动性好且没有短期出售限制或可以抵押的资产。霍尔和米什金（Hall and Mishikin，1982）用美国收入动态面板数据估计出有20%的美国家庭受流动性约束。马里格（Mariger，1986）用美国截面数据估计流动性约束家庭占19.4%。哈博德等（Hubbard et al.，1986）用模拟净值约束的方法发现大约19%的家庭受到流动性约束。因此，一般认为在美国大约有20%的家庭行为与传统的生命周期理论和持久收入理论不一致。池袋林（Hayashi，1985）估计约16%日本家庭无法足额借贷。程郁等（2009）基于农村调研数据研究表明，我国有34%的农户受到正规信贷约束，有贷款需求的农户受信贷约束高达45%。所以，信贷约束将制约部分家庭的资产跨期配置，进而影响家庭的资产选择行为。

家庭的另一个金融决策是金融资产中风险资产的配置比例。根据资产组合理论，理性的投资者应该将财富按一定比例投资于所有的风险资产，投资者风险厌恶程度的差异导致风险资产投资比例的不同。但在现实中，环境的异质性会影响家庭是否投资风险资产及投资的比例。如信贷约束就是减少风险资产需求的一个重要因素（Guiso et al.，1996）。哈里亚索斯和贝尔托（Haliassos and Bertaut，1995）认为受信贷约束家庭的行为与无信贷约束家庭的行为是有差异的，前者将选择持有较低比例的风险资产。古（Koo，1998）也发现，那些预期会受到流动性约束的家庭会少持有风险资产。消费者的资产组合可能在当前没有受到流动性约束，却会受到预期未来流动性约束的影响，此时，如果销售风险资产和流动性不好的资产存在交易成本，则这些资产的实现价值会降低。帕克森（Paxson，1990）证明，当信贷约束是外生时，这种交易成本可以通过持有更加安全的、流动性更好的资产来避免；而当信贷约束内生（由利率决定），借贷将依赖于用流动性差的资产作为抵押物时，家庭可通过减持流动性资产以降低未来受到信贷约束的概率。加迪斯（Gakidis，1998）检验了生命周期中信贷约束和收入风险的交互作用。科科等（Cocco et al.，2005）证明，信贷约束对不同风险厌恶、收入风险的资产组合具有重要影响，出现信贷约束的家庭会导致预防性储蓄减少。多尔斯莱登等（Storesletten et al.，1998）证明在生命周期一般均衡模型中，信贷约束、持续的异质性冲击可解释大部分观察到的股权溢价之谜。哈里亚索斯和哈桑尼（Haliassos and Hassapis，1999）研究了抵押品型和收入型信贷约束对财富积累、资产组合和预防性储蓄动机的影响。对于可能面对信贷约束的投资者来说，在考虑投资组合的同时，考虑信贷约束是很有意义的。投资者最优投资及住房按揭贷款的选择需要考虑未来收入下降且信贷约束起作用时对效用的负面影响（Campbell and Cocco，2003）。尤其对于年轻人来说，他们积累的财富较少，流动性约束更有可能起作用。在投资者其他收入下降时，收益下降的资产对于投资者来说风险更大（Campbell，2006）。康斯坦丁尼德斯等（Constantinides et al.，2002）构建了一个代际交叠模型，说明在年轻人受到借款约束的前提下，由于劳动收入与股票收益相关性很低。因此，年轻人相对中年人有更多的股票投资需求来分散未来劳动收入变化的风险。年轻人积累的财富少且存在流动性约束，这抑制了对股票投资的需求，产生了更高的股票风险溢价。圭索（Guiso et al.，1996）用意大利家庭收入和财富调查（SHIW）数据研究了收入风险、信贷约束和家庭资产组合之间的关系。他们发现，由于交易成本，信贷约束会降低家庭持有风险资产和非流动性资产的比例。因此，研究信贷约束和家庭资产选择的关系，对改进家庭的资产配置决策、提高家庭福利水平是非常重要的。

目前，国内关于家庭资产选择的文献不多，而且尚未有人研究信贷约束对家庭资产选择的影响。本章将利用 2011 年中国家庭金融调查数据，全面分析信贷约束对家庭资产选择和资产配置的影响。本章的主要贡献是利用问卷调查获得的直接信息对信贷约束进行度量，综合考察了正规信贷供给和需求造成的信贷约束对中国家庭资产选择的影响，补充和完善了国内外相关文献。本章不仅考察了信贷约束对家庭金融风险资产投资的影响，同时还将房产和商业资产纳入到广义的风险资产中，全面考察了信贷约束对家庭风险资产选择的影响。本章的政策含义是，政府在制定政策时，需要充分考虑家庭面临的信贷约束，并致力于缓解家庭的信贷约束，这有助于家庭更加合理地配置资产。

本章接下来的部分是这样安排的：第二部分介绍模型设定与变量选取；第三部分讨论家庭受信贷约束的识别；第四部分分析信贷约束对家庭资产选择的影响；第五部分分析信贷约束对家庭资产配置比例的影响；第六部分为本章小结。

# 二、模型设定与变量选取

## （一）模型设定

本章估计的基本模型设定为：

$$Riskasset_i = \alpha Creditconstraint_i + \beta X_i + u_i \qquad (6-1)$$

在模型（6-1）中，$Riskasset_i$ 为家庭持有的风险资产，$Creditconstraint_i$ 为信贷约束哑变量，如果 $i$ 家庭受到信贷约束，则取值为 1，否则为 0。

$Riskasset_i$ 有两重含义：一是是否有风险资产；二是风险资产的比重。因此，模型（6-1）又可以进一步细化为两个模型，对于是否有风险资产的 $Riskasset_i$ 采用 Probit 模型：

$$Prob(Riskasset_i = 1) = \alpha Creditconstraint_i + \beta X_i + u_i \qquad (6-2)$$

在模型（6-2）中，$u \sim N(0, \sigma^2)$。只有当风险资产占比 $Riskasset_i$ 大于 0 时，才能观察到，因此，用最小二乘法估计模型 6-1 可能引起偏误，对于截断（censored）的变量，需要用 Tobit 模型进行估计。因此，我们对风险资产占比的估计模型设定为：

$$Riskasset_i^* = \alpha Creditcons\,traint_i + \beta X_i + u_i$$

$$Riskasset_i = \max(0, Riskasset_i^*) \qquad (6-3)$$

本章将用模型（6-2）和模型（6-3）分别估计信贷约束对家庭资产选择和家庭资产配置的影响。

## （二）变量选取

### 1. 因变量

家庭在进行资产配置时，不仅要选择金融风险资产，还要考虑非金融风险资产的配置，并且两者之间是相互影响的。根据 CHFS 数据，家庭的金融风险资产包括股票、企业（公司）债券、基金、衍生品、银行理财产品、非人民币资产、黄金、借出资金等，其中股票是最重要的金融风险资产；而非金融风险资产主要包括房产和商业资产。在家庭资产组合中房产是一项重要的资产，在美国，住房财富占家庭财富的比重在60%以上，并对家庭决策行为有重要影响（Campbell，2006），房产对金融风险资产具有挤出效应（Cocco，2004；Flavin and Yamashita，2002）。在我国，房产是家庭财富最主要的组成部分，占家庭总资产的40.7%（甘犁、尹志超等，2012）。房产的流动性相对较低，并且住房具有消费品和投资品的双重属性，鉴于此，我们将房产分为消费性住房和投资性住房①，并将投资性房产作为风险资产引入到模型中。在中国有14.2%的家庭拥有商业资产，且它在总资产中的占比为10.2%（甘犁、尹志超等，2012），西顿和卢卡斯（Heaton and Lucas，2000）认为商业资产代替了股票，卡罗尔（Carroll，2000）的研究表明，富有家庭更倾向于投资风险资产，特别是投资于自己私人拥有的企业。

综上所述，我们将因变量风险资产由狭义到广义分四个层次来定义，风险资产Ⅰ仅包括股票资产，其均值为0.9万元，在总资产中占比为0.8%。风险资产Ⅱ指金融风险资产，其均值为2.1万元，在总资产中占比为1.7%。因为风险资产Ⅰ和风险资产Ⅱ在总资产中的占比较低，我们进一步将风险资产Ⅲ定义扩展为包括家庭的投资性房产，风险资产Ⅲ均值为10.8万元，在总资产中占比为8.9%。风险资产Ⅳ在风险资产Ⅲ的基础加入了家庭的商业资产，其均值为23.2万元，在总资产中占比为19.1%。样本中持有四个层次风险资产的家庭在家庭总数中分别占8.8%、20.9%、29.8%和37.0%。表6-1是家庭对不同层次风险资产的持有情况。

表6-1　　　　　　　　　　　　家庭持有的风险资产

|  | 变量解释 | 均值 | 占比 |
|---|---|---|---|
| 风险资产Ⅰ | 股票资产 | 9367 | 0.77% |
| 风险资产Ⅱ | 金融风险资产 | 20995 | 1.73% |
| 风险资产Ⅲ | 金融风险资产 + 投资性房产 | 107521 | 8.85% |
| 风险资产Ⅳ | 金融风险资产 + 投资性房产 + 商业资产 | 231578 | 19.07% |

① 若住房是家庭自有的，我们将其界定为消费性住房；家庭拥有的其他房产，我们将其界定为投资性住房。

## 2. 自变量

本章的关注变量为信贷约束，实证研究的主要困难就是对信贷约束的度量。目前绝大多数文献是通过间接的方式识别家庭的信贷约束。间接识别法的基本思想是通过信贷约束所产生的结果来反向推出信贷约束的存在，如海雅西（Hayashi，1985）和泽勒（Zeller，1989）将拥有低储蓄和低金融资产的家庭视为受信贷约束者。间接识别法的主要问题在于许多家庭虽然持有较低的资产，但他们既没有在当前受到流动性约束，也没有受到预期未来流动性约束的影响。而且，由于被解释变量就是是否持有风险资产和风险资产占比，因此这可能会产生内生性问题。也有学者根据调查问卷中的信息对信贷约束进行直接的界定。菲德尔等（Feder et al.，1990）和杰派利（Jappelli，1990）使用的美国消费者金融调查（SCF）数据中不但询问了家庭是否得到所需的贷款数额，而且还询问了家庭没有贷款的原因，因此他们用"贷款担心被拒而未申请"和"申请贷款被拒"作为信贷约束的度量，这是一种较为直接的度量方法。这种方法从供给和需求两方面考察了正规信贷约束，家庭是否得到贷款从供给方面考察了家庭是否受信贷约束。而需求型信贷约束主要指那些拥有潜在或隐藏信贷需求的家庭未得到贷款，主要有两种情况：一种是申请了贷款遭到拒绝；一种是因交易成本和风险等原因而主观认为自己不能获得贷款而未申请。该方法直接且不失全面，因此本章借鉴他们的度量方法将问卷调查中获得的直接信息对信贷约束进行度量。在中国家庭金融调查中，针对家庭经营农业或工商业项目、购买房产或汽车等活动，首先询问了"是否有银行贷款"，如果没有，则继续询问"该项目为什么没有银行贷款？"选项为："（1）不需要；（2）需要，但没有申请；（3）申请过被拒绝；（4）曾经有贷款，现已经还清。"我们将选择 2 和 3 选项的家庭界定为受正规信贷约束的家庭。

本章的控制变量主要是家庭人口特征变量和经济变量。家庭人口特征变量主要是户主的特征变量，包括年龄、学历、性别、婚姻、工资收入等。年龄对风险资产需求的影响是重要的，一方面，年轻家庭比老年家庭的劳动供给弹性大，因此更倾向于持有风险资产，另一方面，年轻家庭更容易受到流动性约束（Bodie et al.，1992）；并且在生命周期中金融信息是缓慢获取和积累的，因此年轻家庭的资产组合分散化程度低于老年家庭（King and Leape，1987）。考虑到年龄对风险资产的影响可能是非线性的，我们控制了年龄的平方。女性或已婚户主可能更加厌恶风险，因此在做金融决策时更加保守（Jianakoplos and Bernasek，1998）。户主的学历对于投资者风险资产参与有显著影响（Campbell，2006），研究表明学历与风险资产参与率和参与深度正相关（Mankiw and Zeldes，1991；Guiso and Jappelli，2002；吴卫星等，2011）。户主工资收入变量则在一定程度上代表了家庭的还款能力。考虑工资收入对金融资产配置非线性的影响，本章控制工资对数和工资对数的平方两个变量。家庭特征变量包括家庭规模、家庭总资产和户主户籍。家庭规模反映家庭的人口结构和生产能力。家庭资产度量家庭的初始禀赋，衡量其对非交易性资产和非流动性资产的影响。与户主工资收入相同，家庭资产也具有非线性影响的特性，因此同样控制总资产对数和总资产对数的平方两个变量。户籍哑变量用来衡量农村和城市家庭对风险资产参与和选择的差异。此外，由于各地区的金融发展水平和社会文化差异较大，我们还在模型中控制省级虚拟变量，以便尽可能减少由于遗漏变量造成的估计偏误。

# 三、中国家庭的信贷约束

在中国家庭金融调查数据中，受信贷约束的家庭有 1773 户，没有受到信贷约束的家庭有 6456 户，有 21.6% 的家庭受到信贷约束。表 6 - 2 是受信贷约束家庭和未受信贷约束家庭的特征变量对比，从描述统计结果可以看出，前者的资产总额比后者低 72.8%；家庭规模大、城市户口更易受到信贷约束；受信贷约束家庭比不受信贷约束家庭工资低 72.3%；受信贷约束家庭的户主较年轻，而且学历也较低；且户主为男性，已婚的家庭更易受到信贷约束。

表 6 - 2　　　　　　　　信贷约束家庭的特征

| 变量 | 受信贷约束家庭 | 未受信贷约束家庭 |
| --- | --- | --- |
| 总资产 | 38.88 | 142.85 |
| | (79.79) | (2422.77) |
| 家庭规模 | 3.89 | 3.39 |
| | (1.54) | (1.54) |

| 变量 | 受信贷约束家庭 | 未受信贷约束家庭 |
|---|---|---|
| 城市户口 | 0.51 | 0.29 |
|  | (0.5) | (0.46) |
| 工资收入 | 12.25 | 44.19 |
|  | (80.58) | (1189.38) |
| 户主年龄 | 49.36 | 50.55 |
|  | (11.92) | (14.46) |
| 初等教育 | 0.64 | 0.55 |
|  | (0.48) | (0.50) |
| 中等教育 | 0.17 | 0.21 |
|  | (0.38) | (0.41) |
| 高等教育 | 0.08 | 0.16 |
|  | (0.27) | (0.37) |
| 男性 | 0.79 | 0.72 |
|  | (0.41) | (0.45) |
| 已婚 | 0.91 | 0.86 |
|  | (0.29) | (0.35) |
| 样本数 | 1773 | 6456 |
| 样本数占比（%） | 21.55 | 78.45 |
| 资产占比（%） | 10.14 | 89.86 |
| 收入占比（%） | 7.08 | 92.92 |

注：样本剔除了214户缺失信贷约束数据的家庭；括号中的值为样本标准差；总资产和收入的单位是万元（人民币）；总资产包括家庭的金融、农业、工商业、住房、土地、汽车和耐用品等资产；学历以未上过学作参照组引入初等教育、中等教育、高等教育三个哑变量，初中及以下为初等教育，高中、中专或职高为中等教育，大专及以上为高等教育。本章以下相同。

表6-3反映了受信贷约束和未受信贷约束家庭风险资产持有情况的差异，与未受信贷约束的家庭相比，受信贷约束的家庭风险资产Ⅰ的参与率减少了4.7%，参与深度降低了0.33%；风险资产Ⅱ的参与率减少了6.3%，参与深度降低了0.71%；风险资产Ⅲ的参与率减少了5.08%，参与深度降低了0.61%；风险资产Ⅳ的参与率减少了1.71%，参与深度降

低了 0.31% 。因此，直观上看，受信贷约束的家庭无论是风险资产参与率还是风险资产参与深度都明显低于没有受信贷约束的家庭。在后文中，我们将针对此进行深入的计量分析。

表 6 – 3　　　　　　　　信贷约束特征与家庭金融资产选择

| | 受信贷约束家庭 | | 未受信贷约束家庭 | |
|---|---|---|---|---|
| | 参与比例 | 参与深度 | 参与比例 | 参与深度 |
| 风险资产 I | 4.63% | 0.25% | 9.33% | 0.58% |
| 风险资产 II | 15.23% | 1.1% | 21.53% | 1.81% |
| 风险资产 III | 25.16% | 6.2% | 30.24% | 6.81% |
| 风险资产 IV | 35.14% | 9.47% | 36.85% | 9.78% |

我们用中国家庭金融调查获得的信息直接度量家庭是否在现在受到信贷约束，并以此作为信贷约束的哑变量，而有一部分家庭虽然未观察到信贷约束，但可能会受到潜在的信贷约束，由于我们不能观察到潜在受约束的家庭，从而造成受信贷约束家庭数量被低估。为了对信贷约束进行准确度量，以便更好地考察其对家庭资产选择行为的影响，我们进一步估计家庭受信贷约束的概率，并以此度量家庭受到的信贷约束。在本部分，我们用 Probit 模型估计家庭信贷约束的影响因素，并根据估计结果预测出家庭受信贷约束的概率。表 6 – 4 是 Probit 模型的估计结果。

表 6 – 4　　　　　　　　家庭的信贷约束：Probit 模型估计

| 变量 | 系数 | 标准差 |
|---|---|---|
| 总资产 | 0.519 *** | 0.0952 |
| 总资产的平方 | − 0.0212 *** | 0.00417 |
| 家庭规模 | 0.0387 *** | 0.0116 |
| 城市户口 | 0.267 *** | 0.0400 |
| 工资收入 | − 0.0243 | 0.0162 |
| 工资收入的平方 | 0.00160 | 0.00104 |
| 户主年龄 | 0.0424 *** | 0.00853 |
| 户主年龄平方 | − 0.000490 *** | 8.28e − 05 |

| 变量 | 系数 | 标准差 |
|---|---|---|
| 初等教育 | - 0.199 *** | 0.0619 |
| 中等教育 | - 0.268 *** | 0.0728 |
| 高等教育 | - 0.387 *** | 0.0853 |
| 男性 | 0.0653 | 0.0404 |
| 已婚 | 0.0277 | 0.0571 |
| 常数项 | - 4.879 *** | 0.603 |
| 省级虚拟变量 | 控制 | 控制 |
| $N$ | 8218 | 8218 |
| Pseudo $R^2$ | 0.1051 | 0.1051 |

注：*** 表示结果在 1% 的置信水平下显著，** 表示结果在 5% 的置信水平下显著，* 表示结果在 10% 的置信水平下显著；Probit 模型估计结果报告的是边际效应（Marginal Effects）；报告的标准差是稳健标准差（Robust Standard Error）。本章以下各表同。

从表 6 - 4 可以进一步看出家庭规模、户口在城市的家庭更容易受到信贷约束；学历越高，受信贷约束的可能性越小；总资产和户主年龄对信贷约束的影响是非线性的，呈倒 U 型。

用 Probit 获得信贷约束概率的预测值，其均值为 21.3%，估计的正确率为 0.78 > 0.5，说明预测是正确的，其中敏感性（sensitivity）为 0.17，特异性为 0.78；受试者操控曲线（Receiver operating characteristic，简称 ROC 曲线）下方的面积为 0.67，进一步说明预测的正确率较高；goodness-of-fit 拟合优度检验的 $p$ 值为 0.49，说明模型的拟合优度好[①]。综上所述，在下文中我们将选取信贷约束的概率来度量家庭的信贷约束程度。

然而，信贷约束可能存在内生性，因为信贷约束与风险资产选择之间可能存在相互决定和交互影响的问题。一方面，信贷约束可能使家庭不能跨越参与风险资产的最低资本门槛或是家庭没有更多的资金参与风险资产投资，从而制约家庭的风险资产参与率和参与深度；另一方面，风险资产

---

① 敏感性（Sensitivity）指 $\Pr(\hat{y}_i = 1 \mid y_i = 1)$，即真实值取 1 而预测准确的概率；特异性（Specificity）是指 $\Pr(\hat{y}_i = 0 \mid y_i = 0)$，即真实值取 0 而预测准确的概率。受试者操控曲线（Receiver operating characteristic，简称为 ROC 曲线）是指敏感性与（1 - 特异性）的散点图，即预测值等于 1 的准确率与错误率的散点图。

投资使家庭面临更大的资金需求，从而使参与风险资产的家庭更容易受到信贷约束的影响。为了解决可能存在的内生性问题，我们选取社区到市中心的距离作为工具变量进行两阶段估计。社区到市中心的距离在一定程度上反映了该社区所处的外部环境，因为一般而言，社区离市中心越近，其所处的金融环境越发达，发达的金融环境不仅能为家庭提供更多的融资渠道，而且有利于家庭了解信贷知识，从而有利于缓解家庭的信贷约束，但不直接对家庭是否参与风险资产以及参与风险资产的深度产生影响。同时，社区到市中心的距离也与影响家庭资产选择的不可观测变量无关，因而我们认为选取社区到市中心的距离作为工具变量是合适的，后文还将对此进行相关检验。

## 四、信贷约束与家庭资产选择

在本部分，我们将用 Probit 模型估计信贷约束对风险资产参与的影响[①]。表 6 - 5 的第（1）至（4）列分别估计信贷约束对风险资产参与的影响。从表 6 - 5 可知，信贷约束对风险资产 I 的边际效应为 - 0.20，在 1% 的置信水平下显著，说明信贷约束对股市参与率有显著负向影响；信贷约束对风险资产 II 的边际效应为 - 0.39，在 1% 的置信水平下显著，说明信贷约束对金融风险资产参与率有显著负向影响；信贷约束对风险资产 III 的边际效应为 - 0.27，在 1% 的置信水平下显著，说明信贷约束对加入了投资性住房的风险资产的影响显著为负；信贷约束对风险资产 IV 的边际效应为 - 0.63，在 1% 的置信水平下显著，说明信贷约束对加入了商业资产的风险资产 IV 的影响显著为负。综上所述，信贷约束对风险资产参与率有显著负向影响，即受信贷约束概率越小的家庭，越愿意持有风险资产。

第（1）列因变量为股票哑变量，信贷约束影响显著为负，其边际效应为 - 0.20；总资产的边际效应为 0.045，而总资产的平方的边际效应为 - 0.001，它们都在 1% 的置信水平下显著，说明资产规模对风险资产参与率的影响先上升后下降，呈倒 U 型。家庭规模在 10% 的水平下显著，对风险资产参与正相关，说明家庭的人口越多，参与股市的可能性越大。城市户口

---

① 我们也使用了信贷约束哑变量作为关注变量，其他控制变量不变，用 Probit 模型和 Tobit 模型分别估计了信贷约束对风险资产参与和风险资产占比的影响，为节省篇幅，我们没有报告估计结果，有兴趣的读者可以向作者索要。

在1%的置信水平下对股市参与有显著正的影响，说明城市家庭比农村家庭更有可能参与股市。工资收入的边际效应为0.004，在1%的置信水平下显著，说明工资收入增加将增加家庭风险资产参与的可能性，而工资收入平方对风险资产参与率的影响显著为负，说明工资收入对风险资产的影响呈倒U型的；户主年龄对风险资产参与率的影响显著为正，而户主年龄平方的影响显著为负，说明户主年龄也与风险资产参与率之间的关系呈倒U型。初等教育、中等教育和高等教育的边际效应分别为0.001、0.01和0.01，初等教育影响不显著，其他都在1%的置信水平下显著，说明随着户主受教育程度的越高，家庭越可能进行风险资产投资，而且这种效应是递增。

第（2）列因变量为风险金融资产哑变量，信贷约束影响也显著为负，其边际效应为−0.39，与第（1）列不同的是，工资收入对风险资产的影响由倒U型变为递增性，即工资收入越高进行风险资产投资的可能性越大，说明工资高的家庭更愿意分散投资。家庭规模、城市户口、户主年龄的影响由显著变为不显著。而男性的影响在1%的置信水平下显著为正，说明男性户主家庭参与风险资产的可能性更大。已婚在5%的置信水平下显著为负，说明相较于未婚家庭，已婚家庭可能相对保守，导致风险资产投资比例较低。

第（3）列的因变量在风险金融资产的基础上加入了投资性房产，与第（2）列不同之处主要表现为总资产影响不显著；家庭规模对风险资产的影响在1%置信水平下显著为正，越大的家庭越倾向于投资房产；城市户口的影响显著为负，边际效应为−0.04，在5%的置信水平下显著，说明农村家庭比城市家庭更倾向于持有投资性房产。

第（4）列的因变量在第（3）列的基础上加入了商业资产，与第（3）例的不同之处在于，工资收入对风险资产的影响呈U型，即工资越高的家庭投资商业资产的可能性越小；学历对风险资产参与率的影响显著降低，说明学历高低与是否创业的关系较弱，其他各解释变量对风险资产的影响与（3）类似。

表6−5　　　　　信贷约束与风险资产选择：Probit 模型估计

| | （1） | （2） | （3） | （4） |
|---|---|---|---|---|
| | 风险资产Ⅰ | 风险资产Ⅱ | 风险资产Ⅲ | 风险资产Ⅳ |
| 信贷约束 | −0.204*** | −0.388*** | −0.273*** | −0.633*** |
| | (0.656) | (0.325) | (0.296) | (0.298) |

续表

| | （1） | （2） | （3） | （4） |
|---|---|---|---|---|
| | 风险资产 I | 风险资产 II | 风险资产 III | 风险资产 IV |
| 总资产 | 0.0451 *** | 0.0729 ** | 0.0467 | 0.00344 |
| | （0.269） | （0.151） | （0.193） | （0.189） |
| 总资产的平方 | − 0.00117 *** | − 0.000385 *** | 0.00269 | 0.00501 * |
| | （0.0100） | （0.00615） | （0.00805） | （0.00810） |
| 家庭规模 | 0.00177 * | 0.00329 | 0.0148 *** | 0.0287 *** |
| | （0.0237） | （0.0150） | （0.0134） | （0.0140） |
| 城市户口 | 0.0208 *** | 0.00841 | − 0.0351 ** | − 0.0722 *** |
| | （0.0698） | （0.0462） | （0.0439） | （0.0454） |
| 工资收入 | 0.00394 *** | 0.0131 *** | 0.0132 ** | − 0.0696 *** |
| | （0.0295） | （0.0191） | （0.0175） | （0.0190） |
| 工资收入的平方 | − 0.000191 *** | − 0.000381 | − 0.000279 | 0.00956 *** |
| | （0.00165） | （0.00116） | （0.00111） | （0.00146） |
| 户主年龄 | 0.00165 *** | − 0.00194 | 0.000509 | 0.00278 |
| | （0.0127） | （0.00907） | （0.00792） | （0.00835） |
| 户主年龄平方 | − 2.37e − 05 *** | − 2.41e − 05 | − 4.3e − 05 * | − 8.12e − 05 *** |
| | （0.000125） | （9.15e − 05） | （7.80e − 05） | （8.24e − 05） |
| 初等教育 | 0.00115 | 0.0727 *** | 0.0503 ** | 0.0403 |
| | （0.194） | （0.0972） | （0.0784） | （0.0782） |
| 中等教育 | 0.0133 *** | 0.108 *** | 0.0889 *** | 0.0563 * |
| | （0.198） | （0.105） | （0.0873） | （0.0880） |
| 高等教育 | 0.0141 *** | 0.150 *** | 0.163 *** | 0.0711 * |
| | （0.213） | （0.115） | （0.0973） | （0.0983） |
| 男性 | 0.00283 | 0.0365 *** | 0.0391 *** | 0.0509 *** |
| | （0.0542） | （0.0407） | （0.0386） | （0.0394） |
| 已婚 | 0.00354 | − 0.0355 ** | − 0.0518 *** | − 0.0748 *** |
| | （0.0843） | （0.0584） | （0.0538） | （0.0561） |
| 常数项 | − 10.87 *** | − 3.561 *** | − 3.239 *** | − 2.042 * |
| | （1.781） | （0.957） | （1.183） | （1.127） |

续表

|  | （1） | （2） | （3） | （4） |
|---|---|---|---|---|
|  | 风险资产 I | 风险资产 II | 风险资产 III | 风险资产 IV |
| 省级虚拟变量 | 控制 | 控制 | 控制 | 控制 |
| $N$ | 8186 | 8426 | 8426 | 8426 |
| Pseudo $R^2$ | 0.3208 | 0.1864 | 0.1959 | 0.3017 |

　　表6－5的估计是假设信贷约束为外生变量的前提下进行的，然而，信贷约束可能存在内生性问题，这样估计结果将是有偏的。为解决这一问题，在表6－6中我们用社区到市中心的距离作为信贷约束的工具变量进行两阶段估计。表6－6我们用 Cragg－Donald 方法进行弱工具变量检验，通过一阶段回归显示，Cragg－Donald 检验的 $F$ 值为1077.3，远远大于 Stock－Yogo 弱工具变量10%偏误水平下的阀值16.38，且工具变量的 $t$ 值都在1%水平下显著，可见选取市区到市中心的距离作为工具变量是合适的，不存在弱工具变量的问题。

表6－6　　　　　　信贷约束与风险资产选择：IV－Probit 模型估计

|  | （1） | （2） | （3） | （4） |
|---|---|---|---|---|
|  | 风险资产 I | 风险资产 II | 风险资产 III | 风险资产 IV |
| 信贷约束 | −0.417 *** | −0.0751 *** | −0.513 ** | 0.45 |
|  | (1.317) | (0.923) | (0.810) | (0.821) |
| 总资产 | 0.571 *** | 0.0598 | 0.0142 | −0.0413 |
|  | (0.219) | (0.155) | (0.197) | (0.194) |
| 总资产的平方 | −0.00160 *** | 0.000152 | 0.004 | 0.00679 ** |
|  | (0.00828) | (0.00634) | (0.00822) | (0.00830) |
| 家庭规模 | 0.00623 *** | −0.00339 | −0.00195 | 0.0144 |
|  | (0.0362) | (0.0238) | (0.0212) | (0.0217) |
| 城市户口 | −0.0107 | −0.0275 | 0.0133 | −0.00523 |
|  | (0.122) | (0.0697) | (0.0636) | (0.0654) |
| 工资收入 | 0.00478 *** | 0.0123 *** | 0.0108 * | −0.0721 *** |
|  | (0.0251) | (0.0193) | (0.0176) | (0.0189) |

续表

| | （1） | （2） | （3） | （4） |
|---|---|---|---|---|
| | 风险资产 I | 风险资产 II | 风险资产 III | 风险资产 IV |
| 工资收入的平方 | − 0. 000249 *** | − 0. 000303 | − 7. 75e − 05 | 0. 00973 *** |
| | （0. 00143） | （0. 00118） | （0. 00112） | （0. 00145） |
| 户主年龄 | 0. 00191 *** | − 0. 00210 | 0. 000312 | 0. 00212 |
| | （0. 0113） | （0. 00909） | （0. 00792） | （0. 00831） |
| 户主年龄平方 | − 2. 99e − 05 *** | − 1. 77e − 05 | − 2. 68e − 05 | − 5. 79e − 05 * |
| | （0. 000108） | （9. 37e − 05） | （7. 98e − 05） | （8. 39e − 05） |
| 初等教育 | − 0. 0108 *** | 0. 0911 *** | 0. 0972 *** | 0. 105 *** |
| | （0. 186） | （0. 109） | （0. 0886） | （0. 0894） |
| 中等教育 | − 0. 00419 *** | 0. 143 *** | 0. 166 *** | 0. 154 *** |
| | （0. 218） | （0. 128） | （0. 106） | （0. 108） |
| 高等教育 | − 0. 0117 *** | 0. 205 *** | 0. 280 *** | 0. 214 *** |
| | （0. 264） | （0. 156） | （0. 132） | （0. 135） |
| 男性 | 0. 00778 *** | 0. 0286 *** | 0. 0182 | 0. 0215 |
| | （0. 0568） | （0. 0467） | （0. 0436） | （0. 0444） |
| 已婚 | 0. 00793 *** | − 0. 0448 *** | − 0. 0743 *** | − 0. 104 *** |
| | （0. 0795） | （0. 0621） | （0. 0564） | （0. 0587） |
| 常数项 | − 9. 137 *** | − 3. 510 *** | − 3. 136 *** | − 1. 915 * |
| | （1. 509） | （0. 964） | （1. 195） | （1. 140） |
| 省级虚拟变量 | 控制 | 控制 | 控制 | 控制 |
| $N$ | 8186 | 8426 | 8426 | 8426 |
| 工具变量（IV） | 社区到市中心的距离 | | | |
| 一阶段估计 $F$ 值 | 1077. 3 | 1077. 3 | 1077. 3 | 1077. 3 |
| 工具变量 $t$ 值 | 33. 03 | 32. 9 | 32. 9 | 32. 9 |
| DWH 统计量（$P$ 值） | 29. 32（0. 0000） | 2. 20（0. 1379） | 10. 36（0. 0013） | 14. 12（0. 0002） |

第（1）列报告了用 Durbin – Wu – Hausman 检验（以下简称 DWH 检验）信贷约束内生性的结果，DWH 值为 33. 03，$P$ 值为 0，因此，在 1% 水平下拒绝了外生性的假设，因而信贷约束存在内生性。考虑内生性后，

对风险资产 I 的边际效应为 −0.42，在 1% 的置信水平下显著，边际效应与未考虑内生性时有显著提高，说明信贷约束的内生性对估计结果有重要影响。在第（2）列中，DWH 统计量的值为 2.2，$P$ 值为 0.14，不存在内生性问题，因此 Probit 模型估计结果是可信的。在第（3）列中，DWH 统计量的值为 10.36，$P$ 值为 0.0013，在 1% 水平下拒绝了不存在内生性的假设，因而信贷约束存在内生性，考虑内生性后，信贷约束对风险资产 III 的边际效应为 −0.51，在 5% 的置信水平下显著，边际效应在考虑内生性后有显著提高，说明选取工具变量进行两阶段估计是必要的。在第（4）列中，DWH 统计量的值为 14.12，$P$ 值为 0.0002，在 1% 水平下拒绝了不存在内生性的假设，因而信贷约束存在内生性，考虑内生性后，信贷约束对风险资产 IV 的边际效应为 0.45，其影响不显著。表 6 − 6 的结果进一步表明，信贷约束对风险资产市场参与有显著的阻碍作用。

## 五、信贷约束与家庭资产配置

下面估计信贷约束对家庭风险资产占比的影响，估计结果见表 6 − 7，第（1）至（4）列分别是信贷约束对不同层次风险资产占比的影响。在表 6 − 7 中，信贷约束对风险资产 I 占比的边际效应为 −0.25，在 1% 的置信水平下显著，说明信贷约束对股市参与深度有显著负向影响；信贷约束对风险资产 II 占比的边际效应为 −0.10，在 1% 的置信水平下显著，说明信贷约束与金融风险资产参与深度有显著负向影响；对风险资产 III 占比影响的边际效应为 −0.09，在 1% 的置信水平下显著为负，说明信贷约束与加入了投资性住房的风险资产参与深度有显著负向影响；风险资产 IV 的边际效应为 −0.21，在 1% 的置信水平下显著，说明信贷约束与加入了商业资产的风险资产参与深度显著负相关。以上分析表明，信贷约束与风险资产参与深度之间显著负相关，即受信贷约束概率越小的家庭，越愿意花更多的钱投资风险资产。

表 6 − 7　　　　信贷约束与风险资产选择：Tobit 模型估计

|  | （1） | （2） | （3） | （4） |
| --- | --- | --- | --- | --- |
|  | 风险资产 I 占比 | 风险资产 II 占比 | 风险资产 III 占比 | 风险资产 IV 占比 |
| 信贷约束 | − 0.248 *** | − 0.096 *** | − 0.091 *** | − 0.205 *** |
|  | （0.407） | （0.0726） | （0.104） | （0.0932） |

续表

| | （1） | （2） | （3） | （4） |
|---|---|---|---|---|
| | 风险资产Ⅰ占比 | 风险资产Ⅱ占比 | 风险资产Ⅲ占比 | 风险资产Ⅳ占比 |
| 总资产对数 | 0.0664 *** | 0.0154 *** | 0.0230 ** | 0.00207 |
| | （0.160） | （0.0211） | （0.0496） | （0.0373） |
| 总资产对数的平方 | - 0.00186 *** | - 0.000395 ** | 0.000133 | 0.000911 ** |
| | （0.00586） | （0.000853） | （0.00201） | （0.00155） |
| 家庭规模 | 0.00243 * | 0.000909 * | 0.00464 *** | 0.00749 *** |
| | （0.0143） | （0.00258） | （0.00439） | （0.00391） |
| 城市户口 | 0.0266 *** | - 0.000132 | - 0.00774 ** | - 0.0132 *** |
| | （0.0448） | （0.00799） | （0.0140） | （0.0125） |
| 工资收入对数 | 0.00488 *** | 0.00203 *** | 0.00518 *** | - 0.00454 *** |
| | （0.0179） | （0.00319） | （0.00567） | （0.00528） |
| 工资收入对数的平方 | - 0.000250 *** | - 0.0000719 ** | - 0.000255 *** | 0.000956 *** |
| | （0.000991） | （0.000179） | （0.000332） | （0.000307） |
| 户主年龄 | 0.00204 *** | - 0.0000228 | 0.000588 | 0.00921 |
| | （0.00810） | （0.00157） | （0.00244） | （0.00224） |
| 户主年龄平方 | - 2.85e - 05 *** | - 6.17e - 06 ** | - 1.34e - 06 ** | - 2.02e - 05 *** |
| | （8.02e - 05） | （1.60e - 05） | （2.42e - 05） | （2.24e - 05） |
| 初等教育 | 0.00264 | 0.0115 *** | 0.00861 | 0.00254 |
| | （0.123） | （0.0166） | （0.0285） | （0.0251） |
| 中等教育 | 0.0122 | 0.0154 *** | 0.0159 ** | 0.00414 |
| | （0.125） | （0.0181） | （0.0308） | （0.0273） |
| 高等教育 | 0.00702 | 0.0163 *** | 0.0292 *** | 0.00756 |
| | （0.132） | （0.0195） | （0.0335） | （0.0299） |
| 男性 | 0.00419 | 0.00601 *** | 0.00822 *** | 0.0103 *** |
| | （0.0324） | （0.00723） | （0.0124） | （0.0112） |
| 已婚 | 0.00566 | - 0.00380 * | - 0.0126 *** | - 0.0138 *** |
| | （0.0513） | （0.0105） | （0.0174） | （0.0161） |
| 常数项 | - 7.184 *** | - 0.697 *** | - 1.446 *** | - 0.622 *** |
| | （1.087） | （0.139） | （0.319） | （0.232） |

续表

|  | (1) | (2) | (3) | (4) |
|---|---|---|---|---|
|  | 风险资产Ⅰ占比 | 风险资产Ⅱ占比 | 风险资产Ⅲ占比 | 风险资产Ⅳ占比 |
| 省级虚拟变量 | 控制 | 控制 | 控制 | 控制 |
| N | 8127 | 8410 | 8410 | 8410 |

注：第（1）列被解释变量为股票资产在金融资产中的比例，第（2）~（4）列表示各资产在总资产的比例，本章以下各表相同。

第（1）列因变量为股票资产在金融资产中的占比，信贷约束影响显著为负，其边际效应为 -0.25；总资产的边际效应为 0.07，而总资产平方的边际效应为 -0.002，它们都在 1% 的置信水平下显著，说明总资产规模对风险资产参与深度影响呈倒 U 型。家庭规模在 10% 的水平下显著，与风险资产占比正相关，说明家庭的人口越多，股票资产占比越大。城市户口在 1% 的置信水平下对股市参与有显著正影响，说明城市家庭股票参与深度都显著高于农村家庭。工资收入的边际效应为 0.005，在 1% 的置信水平下显著，说明工资收入增加将增加家庭风险资产投资额，而工资收入平方对风险资产占比的影响显著为负，说明工资收入对风险资产投资额的影响呈倒 U 型；户主年龄对风险资产占比的影响显著为正，而户主年龄平方的影响显著为负，说明户主年龄也与风险资产参与深度之间呈倒 U 型关系。教育、男性和已婚对风险资产Ⅰ占比的影响不显著。

第（2）列因变量为风险金融资产在总资产中的占比，与第（1）列结果不同的是，初等教育、中等教育和高等教育的边际效应分别为 0.012、0.015 和 0.016，它们都在 1% 的置信水平下显著，说明户主受教育程度的越高，家庭对风险资产投资比例将增加，而且这种效应是递增的。城市户口、户主年龄等变量的影响不显著；而男性和已婚变量由不显著变得显著，男性的系数为 0.004，在 1% 的置信水平下显著，说明男性户主家庭参与风险资产投资比例更大。已婚的系数为 -0.006，在 10% 的置信水平下显著，已婚与家庭风险资产参与深度负相关，说明已婚家庭相对保守，导致风险资产投资比例较低。

第（3）列在第（2）列的基础上加入了投资性住房后，与第（2）列不同的是，总资产对风险资产占比的影响由倒 U 型变为递增型，即随着总资产的增加，家庭投资风险资产Ⅲ的比例是递增的。家庭规模对风险资产占比的影响显著性增强，在 1% 的置信水平下显著为正，边际效应为 0.005，说明家庭人口数量越多，家庭投资房产愿意花费的钱越多。城市户口在1%的置信水平下显著为负，其边际效应为 −0.008，说明城市家庭比农村家庭风险资产Ⅲ的占比低。已婚的影响在1%的置信水平下显著为正。

第（4）列的因变量在第（3）列的基础上加入了商业资产，加入后带来的变化是，总资产影响由显著变为不显著，与第（3）例的不同之处在于，工资收入对风险资产的影响呈 U 型，即工资越高的家庭商业资产越少；学历的影响不显著。

考虑到信贷约束可能存在内生性，我们引入工具变量进行两阶段估计。表 6 − 8 是在 Tobit 模型中引入社区到市中心距离作为信贷约束工具变量进行两阶段估计的结果。Cragg − Donald 弱工具变量检验的 F 值为1049.86，远远大于 Stock − Yogo 弱工具变量 10% 偏误水平下的阀值16.38，且工具变量的 t 值都在1% 水平下显著。因此，选取市区到市中心的距离作为工具变量是合适的，不存在弱工具变量的问题。

表 6 − 8　　　　信贷约束与风险资产选择：Ⅳ − Tobit 模型估计

|  | （1） | （2） | （3） | （4） |
|---|---|---|---|---|
|  | 风险资产Ⅰ占比 | 风险资产Ⅱ占比 | 风险资产Ⅲ占比 | 风险资产Ⅳ占比 |
| 信贷约束 | − 0.409 *** | − 0.0266 *** | − 0.12 * | − 0.107 *** |
|  | （1.596） | （0.155） | （0.273） | （0.237） |
| 总资产对数 | 0.0886 *** | 0.0125 *** | 0.0144 | − 0.0112 |
|  | （0.175） | （0.0218） | （0.0516） | （0.0397） |
| 总资产对数的平方 | − 0.00277 *** | − 0.000274 | 0.000489 | 0.00146 *** |
|  | （0.00651） | （0.000885） | （0.00209） | （0.00166） |
| 家庭规模 | 0.0144 *** | − 0.000586 | 0.000166 | 0.000837 |
|  | （0.0364） | （0.00398） | （0.00697） | （0.00607） |
| 城市户口 | − 0.00492 | 0.00413 * | 0.00520 | 0.00590 |
|  | （0.0948） | （0.0118） | （0.0210） | （0.0184） |
| 工资收入对数 | 0.00650 *** | 0.00185 *** | 0.00458 *** | − 0.00545 *** |
|  | （0.0189） | （0.00321） | （0.00579） | （0.00546） |
| 工资收入对数的平方 | − 0.000387 *** | − 0.0000553 | − 0.000202 ** | 0.00103 *** |
|  | （0.00110） | （0.000182） | （0.000342） | （0.000323） |

续表

| | (1) | (2) | (3) | (4) |
| --- | --- | --- | --- | --- |
| | 风险资产 I 占比 | 风险资产 II 占比 | 风险资产 III 占比 | 风险资产 IV 占比 |
| 户主年龄 | 0.00222 *** | − 5.63e − 05 | 0.00049 | 0.00078 |
| | (0.00833) | (0.00158) | (0.00247) | (0.00228) |
| 户主年龄平方 | − 3.89e − 05 *** | − 4.79e − 06 | − 9.17e − 06 | − 1.4e − 05 ** |
| | (8.45e − 05) | (1.64e − 05) | (2.51e − 05) | (2.32e − 05) |
| 初等教育 | − 0.0312 ** | 0.0158 *** | 0.0215 *** | 0.0216 *** |
| | (0.157) | (0.0190) | (0.0311) | (0.0276) |
| 中等教育 | − 0.0346 ** | 0.0230 *** | 0.0368 *** | 0.0338 *** |
| | (0.186) | (0.0226) | (0.0367) | (0.0325) |
| 高等教育 | − 0.0565 *** | 0.0277 *** | 0.0619 *** | 0.0524 *** |
| | (0.240) | (0.0269) | (0.0447) | (0.0398) |
| 男性 | 0.0183 *** | 0.00421 *** | 0.00259 | 0.00192 |
| | (0.0507) | (0.00797) | (0.0141) | (0.0128) |
| 已婚 | 0.0196 *** | − 0.00579 *** | − 0.0187 *** | − 0.0229 *** |
| | (0.0652) | (0.0111) | (0.0187) | (0.0172) |
| 常数项 | − 7.196 *** | − 0.684 *** | − 1.423 *** | − 0.581 ** |
| | (1.071) | (0.140) | (0.326) | (0.241) |
| 省级虚拟变量 | 控制 | 控制 | 控制 | 控制 |
| N | 8127 | 8410 | 8410 | 8410 |
| 工具变量（IV） | 社区到市中心的距离 | | | |
| 一阶段估计 F 值 | 1049.86 | 1049.86 | 1049.86 | 1049.86 |
| 工具变量 t 值 | 24.19 | 24.19 | 24.65 | 24.65 |
| DWH 统计量（P 值） | 17.58 (0.0000) | 1.85 (0.1740) | 17.42 (0.0004) | 28.03 (0.0000) |

表 6 - 8 第（1）列 DWH 值为 17.58，P 值为 0，在 1% 置信水平下拒绝了不存在内生性的假设，因而信贷约束存在内生性，考虑内生性后，信贷约束对风险资产 I 的边际效应为 − 0.409，在 1% 的置信水平下显著，边际效应与未考虑内生性时有显著提高，说明信贷约束的内生性对估计结果有重要影响。在第（2）列中，DWH 统计量的值为 1.85，P 值为 0.17，

不存在内生性问题，因此 Tobit 模型估计结果是可信的。在第（3）列中，DWH 统计量的值为 17.42，P 值为 0.0004，在 1% 水平下拒绝了不存在内生性的假设，因而信贷约束存在内生性，考虑内生性后，信贷约束对风险资产Ⅲ的边际效应为 $-0.12$，在 10% 的置信水平下显著，边际效应在考虑内生性后有显著提高，说明选取工具变量进行两阶段估计是必要的；在第（4）列中，DWH 统计量的值为 28.02，P 值为 0，在 1% 水平下拒绝了不存在内生性的假设，因而信贷约束存在内生性，考虑内生性后，信贷约束对风险资产Ⅳ的边际效应为 0.11，在 1% 的置信水平下显著，说明虽然家庭是否投资商业资产不受信贷约束的影响，但家庭一旦投资了商业资产，其投资比例将受到信贷约束的影响，信贷约束将阻碍家庭商业资产的增加。表 6－8 的结果进一步表明，信贷约束对风险资产参与深度有显著的阻碍作用。

综上所述，本部分的估计结果表明，信贷约束不仅对家庭风险资产参与率具有显著地负向影响，还对家庭参与风险资产的深度具有显著的负向影响，以上分析证实了信贷约束将改变家庭资产配置比例。

# 六、本章小结

本章基于中国家庭金融调查（CHFS）大型微观数据，运用极大似然估计方法，全面考察了正规信贷供给和需求形成的信贷约束对家庭资产选择行为的影响。

我们将风险资产从狭义到广义分为四个层次：股票资产、金融风险资产、金融风险资产加投资性房产、金融风险资产加投资性房产和商业资产。同时从正规信贷供给和需求两个方面来考察信贷约束，用 Probit 模型估计出家庭受信贷约束概率，并以此来度量信贷约束，考察信贷约束对家庭资产选择行为的影响。考虑到信贷约束可能存在内生性，我们使用社区到市中心的距离作为工具变量，用极大似然估计方法进行两阶段估计，进一步考察信贷约束对家庭资产选择行为的影响。我们的研究结果一致表明，信贷约束对家庭风险资产参与率和参与深度均具有显著的负向影响。因此，信贷约束是制约家庭资产配置优化的重要因素。

本章的研究结果还显示，家庭总资产、户主年龄对风险资产参与率和参与深度的影响呈倒 U 型，工资收入与风险资产的参与率和参与深度之间呈现非线性的关系。家庭规模对风险资产参与率和参与深度有显著的影响。城市家庭比农村家庭更愿意参与金融风险资产投资，且持有更多的金融风险资产，但农村家庭更愿意投资房产和商业资产。户主受教育程度与风险资产参与率和参与深度显著正相关。相对于女性，男性更愿意参与并持有更多的风险资产。已婚与风险资产选择显著负相关，说明已婚家庭更加谨慎。

本章的政策含义非常明确，政府应当积极改善金融环境，理顺信贷供求机制，从而缓解家庭信贷约束，促进家庭风险资产参与率并增加其投资额，这有助于家庭优化资产配置，并有利于促进储蓄转化为投资。另外，我们的研究也表明，那些总资产规模小、户主收入低、受教育程度低、户主为女性的家庭往往风险资产参与率和参与深度较低。因此，如何扶持这部分弱势群体，增加其收入和普及相关投资知识，也成为相关部门需要考虑的问题。

# 第七章

# 结论与政策建议

## 一、结 论

本书运用比较研究、理论研究和实证研究相结合的方法，从不同层面分析了社会网络、信贷约束与家庭资产选择的互动关系。结果表明：家庭是否受信贷约束对家庭资产选择有重要影响，而家庭的社会网络又对信贷约束和家庭资产选择都有重要影响，由此社会网络、信贷约束与家庭资产选择之间存在紧密联系。

本研究主要得到以下基本结论：

（1）欧美等发达国家的家庭资产选择呈现出金融化、风险化和中介化特征，与欧美等发达国家相比，我国家庭金融资产选择呈现出以储蓄为主、风险化较低的异质性特征，具体表现为：虽然家庭资产选择呈现出金融化的趋势，但金融资产在总资产中的比例依然非常低，金融化程度低；家庭金融资产选择日趋风险化，但风险性金融资产在金融资产中的占比较低，风险化程度低；储蓄资产仍是家庭最主要的金融资产，家庭股市参与率较低，通过中介金融机构（如基金公司）间接持有股票的比例更低。

（2）通过运用中国家庭金融调查（CHFS）微观数据从社会网络视角研究我国家庭的股市参与及金融资产配置，选用礼金支出、礼金收入、礼金往来和通信费用，从多个角度对社会网络进行度量，运用 Probit 和 Tobit 模型估计后发现社会网络对中国家庭参与股市具有显著的正向影响，社会网络越发达的家庭参与股票市场的概率越大，而且在股票市场投资越多，即股市参与的深度越高。在社会网络四个衡量指标中，通信费用对股市参与的影响最大，这表明了通信联络在社会交往中的重要作用。分析还发现，家庭收入和资产对股市参与率和参与深度都有显著的正向影响，户主年龄对股市参与率和参与深度的影响呈倒U型，户主受教育程度与股市参与率和参与深度显著正相关，户主为农业户籍的家庭股市参与率和参与深度显著低于非农家庭，这与炒股家庭主要集中在城市是一致的，少数民族家庭更愿意持有股票且持有比例更高，相较于风险中性的家庭，风险偏好家庭的股市参与率和持股比例较高，风险厌恶家庭的股市参与率和持股比例较高，有养老保险与股市参与率和参与深度显著正相关，说明未来的不确定性对家庭资产配置有重要影响，不确定性增加，将降低家庭股市参与率和持股比例。

研究进一步发现，随着金融发展水平的提高，社会网络对股市参与的作用不但没有减弱，反而增加了家庭股市参与的概率和股票资产在金融资产中的比例。这表明，非市场化力量在中国家庭股市参与中起到了重要作用，金融发展会进一步强化社会网络对家庭股市参与及参与深度的影响。

（3）基于中国家庭金融调查（CHFS）微观数据，运用 Biprobit 模型和 Tobit 模型研究了社会网络对信贷需求、信贷约束影响。为了克服社会网络的内生性对估计结果带来的影响，引入了工具变量进行两阶段估计。研究结果一致表明，社会网络能够促进家庭的信贷需求，并且缓解家庭受到的信贷约束，对于有借款的家庭来说，社会网络对家庭借款额具有显著地正向影响，而且这种影响对于正规借款额的影响比民间借款额的影响大，说明"关系"对家庭从正规金融机构获得贷款同样起到了非常重要的作用，而民间借款主要取决于关系的紧密程度。进一步，研究了社会网络对家庭信贷约束的影响机制，一方面，社会网络的增强可以增加家庭的金融知识，而金融知识的增加可以缓解家庭信贷约束；另一方面，社会网络的增强可以减少无信心贷款者，从而缓解家庭的信贷约束。研究结果还显示，户主年龄与信贷需求、信贷约束以及借贷额之间的关系呈倒U型；那些户主受教育程度较高的家庭信贷需求较少，即使有信贷需求也较少受到信贷约束，并且受教育程度与正规借贷额正相关，与民间借贷负相关。户主有工作、规模大、固定资产多、日常消费多的家庭，其信贷需求较高，受信贷约束的概率较小，获得的借贷款额度也较大；虽然工资收入高的家庭受信贷约束的概率较小，但他们信贷需求较低，且借贷额较小，说明工资收入对信贷需求具有替代作用；相较于农村家庭，城市家庭需要信贷的可能性较低，受信贷约束的概率也较小，其民间借贷额也较低；所在社区离市中心的距离越近，家庭受信贷约束的概率越小，获得的借款总额越多；社区经济状况与信贷需求负相关，与信贷约束正相关，与正规借贷额正相关，但与民间借贷额负相关，说明社区经济状况好的地方，家庭借款主要通过正规金融机构。

（4）基于中国家庭金融调查（CHFS）微观数据，运用极大似然估计方法，分析正规信贷供给和需求形成的信贷约束对家庭资产选择行为的影响。将风险资产从狭义到广义分为四个层次：股票资产、金融风险资产、金融风险资产加投资性房产、金融风险资产加投资性房产和商业资产。同时从正规信贷供给和需求两个方面来考察信贷约束，用 Probit 模型估计出家庭受信贷约束概率，并以此来度量信贷约束，考察信贷约束对家庭资产选择行为的影响。考虑到信贷约束可能存在内生性，我们使用社区到市中心的距离作为工具变量，用极大似然估计方法进行两阶段估计，进一步考察信贷约束对家庭资产选择行为的影响。我们的研究结果一致表明，信贷约束对家庭风险资产参与率和参与深度均具有显著的负向影响。因此，信贷约束是制约家庭资产配置优化的重要因素。另外，研究还表明，那些总资产规模小、户主收入低、户籍为农村、受教育程度低、户主为女性的家庭往往风险资产参与率和参与深度较低。

# 二、政 策 建 议

（1）社会网络作为一种非正式的制度，不但具有"信息桥"的作用，通过网络成员缓解信息不对称，降低交易成本，而且有助于缓解信贷约束，因此，政府应该加强建设社会主义和谐社区，有效发挥家庭社会网络的保障功能，家庭应积极建立广泛的、高质量的社会网络有助于家庭增加信贷需求，缓解信贷约束，从而增加家庭福利水平。

（2）提高家庭可支配收入，同时降低家庭收支不确定性预期，从而促进家庭金融资产投资合理增长。在提高家庭可支配收入方面，政府应改革分配制度，初次分配时，应增加家庭收入在国民收入中的比例，收入再分配时，应减轻中低收入者的税负并增加其转移支付，提高低收入家庭的低保标准，缓解家庭金融资产在城乡居民之间、地区之间及不同阶层之间财富差距过大的问题；在经济发展的基础上，保障人民生活水平的稳步提高，建立城乡家庭收入与经济增长保持基本同步的机制。在降低家庭收支不确定性预期方面，应加快完善社会保障体系，加大对社保基金的支持力度，加强管理监督力度。

（3）政府应当积极改善金融环境，理顺信贷供求机制，从而缓解家庭信贷约束，促进家庭风险资产参与率并增加其投资额，这有助于家庭优化资产配置，并有利于促进储蓄转化为投资。研究中发现，相较于城市家庭，农村家庭更易受到信贷约束，因此，政府应当更积极改善农村金融环境，扩展农村金融服务，鼓励和促进农村信用社、村镇银行和小额信贷公司等新型金融机构的发展，以便能够更好地服务三农。

（4）推动金融知识的普及，从而缓解家庭信贷约束，改善家庭资产选择。受教育程度低的家庭往往风险资产参与率和参与深度较低，受信贷约束的可能性较大，因此，应积极提高家庭教育水平，鼓励居民再学习培训，积极普及金融知识。改革开放以来，我国国民经济经历了30多年的快速发展，家庭可支配收入的大幅增长，目前已进入中等收入国家行列，但我国家庭金融资产参与率较低，参与金融市场的潜力巨大，在这一过程中，应该加强家庭金融知识的普及，培养家庭的金融风险的意识，家庭也应积极主动学习了解金融产品、金融技能的相关知识，全面提升自己的金融决策能力，避免投资的盲目性和降低投资失误的概率，进而提升家庭金融福利。

（5）促进居民金融资产的多元化发展，这主要在于分流居民储蓄存款，提高债券、股票、保险在居民金融资产中的比重。为了创建更加完善的金融环境供家庭进行金融产品的投资，就需要加快股票市场、债券市场和保险市场等的改革创新，增加金融产品的种类，以满足不同偏好家庭的需求。

（6）规范资本市场秩序，完善资本市场结构，保护中小投资者权益不受侵害，增加金融市场的信息透明度，对投资者的不规范行为制定并采取更为严格的惩罚制度，大力支持社保基金、社保基金和企业年金等机构投资者的发展，形成多元化的投资结构，拓宽家庭投资渠道。

# 三、进一步研究方向

本书试图对社会网络、信贷约束与家庭资产选择的影响机制和影响特征做全面深入分析和清晰揭示，但由于数据和能力所限，本研究难免对某些方面的分析不够全面、深入和准确。本研究进一步改进之处体现在以下几方面：

（1）进一步研究家庭资产选择中出现的风险资产"有限参与"问题，本书仅从社会网络和信贷约束两方面对家庭风险资产有限参与问题进行解释，风险资产有限参与问题是家庭金融研究的核心问题之一，对其进行深入研究对于股权溢价理论和一国金融发展具有重要意义，而该问题的影响因素众多且十分复杂，进一步，在数据允许的前提下，本书可从劳动收入、交易摩擦、房产和私人企业等角度对该问题进行研究。

（2）进一步研究家庭信贷约束问题，在中国，信贷约束是制约家庭金融发展的最重要因素之一，并且对家庭的储蓄和消费有重要影响，信贷约束产生的原因也是多方面的，一方面，将进一步研究信贷约束与我国"高储蓄率"问题；另一方面，可从信贷约束产生的原因入手进行进一步的研究。

（3）在实证分析方面，本研究所使用的数据为截面数据，从而可能在一定程度上对影响了实证结果的可信度，若数据进一步完善与动态更新之后，可利用面板数据进行进一步分析。

# 参 考 文 献

［1］程恩江、刘西川：《小额信贷缓解农户正规信贷配给了吗?》，载于《金融研究》2010 年第 12 期。

［2］程郁、韩俊、罗丹：《供给配给与需求压抑交互影响下的正规信贷约束：来自 1874 户农户金融需求行为考察》，载于《世界经济》2009 年第 5 期。

［3］陈雨露、马勇、杨栋：《农户类型变迁中的资本机制：假说与实证》，载于《金融研究》2009 年第 3 期。

［4］费孝通：《乡土中国生育制度》，北京大学出版社 1998 年版。

［5］甘犁、尹志超、贾男、徐舒、马双：《中国家庭金融调查报告 2012》，西南财经大学出版社 2012 年版。

［6］高帆：《中国农村中的需求型金融抑制及其解除》，载于《中国农村经济》2002 年第 2 期。

［7］郭树清：《金融调结构，经济有出路》，载于《人民日报》，2012 年 7 月 2 日。

［8］韩俊、罗丹、程郁，《信贷约束下农户借贷行为的实证研究》，《农业经济问题》2007 年第 2 期。

［9］何兴强、史卫、周开国：《背景风险与居民风险金融资产投资》，载于《经济研究》2009 年第 12 期。

［10］黄光国，胡先缙等：《人情与面子：中国人的权力游戏》，中国人民大学出版社 2010 年版。

［11］黄祖辉、刘西川、程恩江：《贫困地区农户正规信贷市场低参与程度的经验解释》，载于《经济研究》2009 年第 4 期。

［12］黄昭昭、林燕：《社会资本累积状态对家户福利影响的实证研究》，载于《宏观经济研究》2010 年第 11 期。

［13］金烨、李洪彬：《非正规金融与农户借贷行为》，载于《金融研究》2009 年第 4 期。

[14] 凯恩斯：《就业、利息和货币通货》，华夏出版社 2005 年版。

[15] 梁达：《增加居民财产性收入为扩内需打实基础》，载于《上海证券报》，2013 年 3 月 7 日。

[16] 罗家德：《社会网分析讲义》，社会科学文献出版社 2005 年版。

[17] 李富有、匡华：《隐形约束与非正规金融市场融资——基于借款人选择的解释》，载于《南开经济研究》2010 年第 2 期。

[18] 李培林：《流动民工与社会网络与社会地位》，载于《社会学研究》1996 年第 4 期。

[19] 李爽、陆铭、佐藤宏：《权势的价值：党员身份与社会网络的回报在不同所有制企业是否不同?》，载于《世界经济文汇》2008 年第 6 期。

[20] 李涛：《社会互动、信任和股市参与》，载于《经济研究》2006 年第 1 期。

[21] 李涛：《参与惯性与投资选择》，载于《经济研究》2007 年第 8 期。

[22] 李涛、郭杰：《风险态度与股票投资》，载于《经济研究》2009 年第 2 期。

[23] 李心丹、王冀宁、傅浩：《中国个体证券投资者交易行为的实证研究》，载于《经济研究》2002 年第 11 期。

[24] 刘成玉、黎贤强、王焕印：《社会资本与我国农村信贷风险控制》，载于《浙江大学学报（人文社会科学版)》2011 年第 2 期。

[25] 林毅夫、孙希芳：《信息、非正规金融与中小企业融资》，载于《经济研究》2005 年第 7 期。

[26] 马光荣、杨恩艳：《社会网络、非正规金融与创业》，载于《经济研究》2009 年第 4 期。

[27] 马晓勇、白永秀：《中国农户的收入风险应对机制与消费波动：来自陕西的经验证据》，载于《经济学（季刊)》2009 年第 8 卷第 4 期。

[28] 史清华、陈凯：《欠发达地区农民借贷行为的实证分析——山西 745 户农户家庭的借贷行为的调查》，载于《农业经济问题》2002 年第 10 期。

[29] 王定祥、田庆刚、李伶俐、王小华：《贫困型农户信贷需求与信贷行为实证研究》，载于《金融研究》2011 年第 5 期。

[30] 王芳：《中国农村金融需求与农村金融制度：一个理论框架》，载于《金融研究》2005 年第 4 期。

[31] 王铭铭：《社区的历程——西村汉人家庭的个案研究》，天津人

民出版社 1997 年版。

[32] 王翼宁、赵顺龙：《外部性约束、认知偏差、行为偏差与农户贷款困境》，载于《管理世界》2007 年第 9 期。

[33] 王卫东：《中国社会文化背景下社会网络资本的测量》，载于《社会》2009 年第 3 期。

[34] 吴卫星、汪勇祥、梁衡义：《过度自信、有限参与和资产价格泡沫》，载于《经济研究》2006 年第 4 期。

[35] 吴卫星、齐天翔：《流动性、生命周期和投资组合相异性》，载于《经济研究》2007 年第 2 期。

[36] 吴卫星、荣苹果、徐芊：《健康与家庭资产选择》，载于《经济研究》2011 年第 1 期。

[37] 熊学萍、阮红新、易法海：《农户金融行为、融资需求及其融资制度需求指向研究——基于湖北省天门市的农户调查》，载于《金融研究》2007 年第 8 期。

[38] 杨汝岱、陈斌开、朱诗娥：《基于社会网络视角的农户民间借贷行为研究》，载于《经济研究》2011 年第 11 期。

[39] 易行健、张波、杨汝岱、杨碧云：《家庭社会网络与农户储蓄行为：基于中国农村的实证研究》，载于《管理世界》2012 年第 5 期。

[40] 朱喜、李子奈：《我国农村正式金融机构对农户的信贷配给——一个联立离散选择模型的实证分析》，载于《数量经济技术经济研究》2006 年第 3 期。

[41] 邹红、喻开志：《我国城镇居民家庭的金融资产选择特征分析——基于 6 个城市家庭的调查数据》，载于《工业技术经济》2009 年第 5 期。

[42] 赵剑治、陆铭：《关系对农村收入差距的贡献及其地区差异——一项基于回归的分解》，载于《经济学（季刊）》2009 年第 9 卷第 1 期。

[43] 张其仔：《社会网与基层经济生活—晋江市西滨镇跃进村案例研究》，载于《社会学研究》1999 年第 3 期。

[44] 张爽、陆铭、章元：《社会资本的作用随市场化进程减弱还是加强？——来自中国农村贫困的实证研究》，载于《经济学（季刊）》2007 年第 6 卷第 2 期。

[45] 张晓明、陈静：《构建社会资本：破解农村信贷困境的一种新思路》，载于《经济问题》2007 年第 3 期。

[46] 章元、陆铭:《社会网络是否有助于提高农民工的工资水平?》,载于《管理世界》2009 年第 3 期。

[47] Adams, D. W. and G. Nehman, "*Borrowing Costs and the Demand for Rural Credit*", *Journal of Development Studies*, 1979, Vol. 15, No. 2, pp. 165 – 176.

[48] Adams, D. W. , and Fitchett, D. A. , "*Informal finance in low-income countries*", Boulder, CO: Westview Press, 1992.

[49] Agnew, J. , P. Balduzzi and A. Sundén, "*Portfolio Choice and Trading in a Large 401 ( k )*", *American Economic Association*, Vol. 93, pp. 193 – 215.

[50] Alan, S. 2006. "*Entry Costs and Stock Market Participation Over the Life Cycle*", *Review of Economic Dynamics*, Vol. 9, No. 4, pp. 588 – 611.

[51] Aleem, I. , 1990, "*Imperfect information, screening, and the costs of informal lending: a study of a rural credit market in Pakistan*", *World Bank Economic Review*, Vol. 4, No3, pp. 329 – 349.

[52] Alesina, A. , and LaFerrara, E. , "*Who trusts others?*", *Journal of Public Economics*, 2002, Vol. 85, No. 2, pp. 207 – 234.

[53] Alessie, R. , Hochguertel , S. , and Soest , A. V, "*Household Portfolios in The Netherlands , in Household Portfolios, Guiso L. , Haliassos M. and T. Japelli*" MIT Press, 2000.

[54] Aldrich, H. , and Zimmer, C. , "*Entrepreneurship through social networks, In The art and science of entrepreneurship*", Cambridge, Mass: Ballinger Publishing, 1986, pp. 3 – 23.

[55] Aldrich, H. , Rosen, B. , and Woodward, W. , 1987, "*The impact of social networks on business foundations and profit: A longitudinal study*", *In Frontiers in entrepreneurship research*, 154 – 168. Wellesley, Mass: Babson College.

[56] Angerer X. and P. S. Lam, 2009, "*Income Risk and Portfolio Choice: An Empirical Study*", *The Journal of Finance*, Vol. 64, No. 2, pp. 1037 – 1055.

[57] Arrondel, L. , and H. C. Pardo, "*Portfolio Choice With a Correlated Background Risk: Theory and Evidence*", Delta working paper, 2002.

[58] Banerjee, A. and E. Duflo, "*Do Firms Want to Borrow More? Tes-

*ting Credit Constraints Using a Directed Lending Program*", http: //econ-www. mit. edu, 2002.

[59] Banks, J. , R. Blundell, and J. P. Smith, "*Wealth portfolios in the United Kingdom and the United States*", University of Chicago Press, 2001.

[60] Banks, J. , R. Blundell and J. P. Smith, "*Wealth portfolios in the United Kingdom and the United States*", *Perspectives on the Economics of Aging*, 2005.

[61] Barber, B. and T. Odean, "*Boys Will be Boys: Gender, Overconfidence, and Common Stock Investment*", *The Quarterly Journal of Economics*, 2001, Vol. 116, pp. 261 - 292.

[62] Barham, B. L. , S. Boucher, and M. Carter, "*Credit Constraints, Credit Unions and Small-scale Producers in Guatemala*", *World Development*, 1996, Vol. 24, No5, pp. 793 - 806.

[63] Baydas, M. , R. L. Meyers and N. Aguilera - Alfred, "*Discrimination against Women in Formal Credit Markets: Reality or Rhetoric?*", *World Development*, 1994, Vol. 22, No. 7, pp. 1073 - 1082.

[64] Becker , T. and R. Levine , "*Stock Markets , Banks and Growth : Panel Evidence*", *Journal of Banking and Finance* , 2004 , Vol. 28 , pp. 423 - 442.

[65] Benzoni, L. , "*Investing over the life cycle with long-run labor income risk*", working paper, Federal Reserve Bank of Chicago, 2008.

[66] Benzoni, L. , 2009. "*Investing over the life cycle with long-run labor income risk*", *Economic Perspectives*, Vol. 33, No. 3, pp. 29 - 43.

[67] Berkowitz , M. K. and Qiu , J. , "*A Further Look at Household Portfolio Choice and Health Status*", *Journal of Banking and Finance*, 2006, Vol. 30, No. 4, pp. 1201 - 1217.

[68] Besley, T. , "*Nonmarket institutions for credit and risk sharing in low-income countries*", *Journal of Economic Perspectives*, 1995, Vol. 9, No. 3, pp. 115 - 127.

[69] Bian, Y. J. and J. R. Logan, "*Market Transition and the Persistence of Power: The Changing Stratification System inUrban China*", *American Sociological Review*, 1996, Vol. 61, pp. 739 - 758.

[70] Bian, Y. J. , "*Bringing Strong Ties Back In: Indirect Connection,*"

*Bridges, and Job Searches in China*", *American Sociological Review*, 1997, Vol. 62, No. 3, pp. 266 – 285

[71] Biggart. N. W. and R. P. Castanias, "*Collateralized Social Relations: The Social in Economic Calculation*", *American Journal of Economics and Sociology*, 2001, Vol. 60, No. 2, pp. 471 – 500.

[72] Bilias, Y. , D. Georgarakos, and M. Haliassos, "*Portfolio inertia and stock market fluctuations*", *Journal of Money, Credit and Banking*, 2010, Vol. 41, No. 4, pp. 715 – 742.

[73] Binswanger, H. P. and M. R. Rosenzweig, "*Behavioral and Material Determinants of Production Relations in Agriculture*", *Journal of Development Studies*, 1986, Vol. 22, No. 3, pp. 503 – 537.

[74] Bodie, Z. , R. C. Merton and W. Samuelson, "*Labor supply flexibility and portfolio choice in a life cycle model*", *Journal of Economic Dynamics and Control*, 1992, Vol. 16, No. 3, pp. 427 – 449.

[75] Boucher, S. , "*Endowments and Credit Market Performance: An Econometric Exploration of Non-price Rationing Mechanisms in Rural Credit Markets in Peru*", http: //www. agecon. ucdavis. edu, 2002.

[76] Bowles, S. and H. Gintis, "*Social Capital and Community Governance*", *Economic Journal*, 2002, Vol. 112, pp. 419 – 436.

[77] Brass, D. J. , and Burkhardt, M. E. , "*Potential Power and Power Use: An Investigation of Structure and Behavior*", *The Academy of Management Journal*, 1993, Vol. 36, No. 3, pp. 441 – 470.

[78] Brunnermeier, M. , and S. Nagel, "*Do wealth fluctuations generate time-varying risk aversion? Micro-evidence on individuals' asset allocation*", NBER working paper 12809, 2006.

[79] Burt, Ronald S. , "*Network Items and the General Social Survey Social Networks*", *Social Networks* , 1984, Vol. 6, No. 4, pp. 293 – 339.

[80] Burt, R. S. , "*Structural Holes: The Social Structure of Competition. Cambridge*", MA: Harvard University Press, 1992.

[81] Campbell, John Y. and J. F. Cocco, "*Household risk management and optimal mortgage choice*", *The Quarterly Journal of Economics*, 2003, Vol. 118, No. 4, pp. 1449 – 1494.

[82] Campbell, John Y. , "*Household Finance*", *Journal of Finance*,

2006, Vol. 61, No. 4, pp. 1553 – 1604.

[83] Canner, N. , N. G. Mankiw and D. N. Weil, "*An Asset Allocation Puzzle*", *American Economic Review*, 1997, Vol. 87, No. 3, pp. 181 – 191.

[84] Cardak, B. and R. Wilkins, "*The determinants of household risky asset holdings: Australian evidence on background risk and other factors*", *Journal of Banking and Finance*, 2009, Vol. 33, pp. 850 – 860.

[85] Carroll, Christopher D. , "*Portfolios of the Rich*", NBER Working Paper No. 7826, 2000.

[86] Carroll, Christopher D. , "*Portfolios of the rich*", Economics Working Paper Archive, 2000.

[87] Carter, M. R. , "*Equilibrium credit rationing of small farm agriculture*", *Journal of Development Economics*, 1988, Vol. 28, No. 1, pp. 83 – 103.

[88] Carter, Michael R. and J. Maluccio, "*Social Capital and Coping with Economic Shocks: An Analysis of Stunting of South African Children*," *World development*, 2003, Vol. 31, pp. 1147 – 1163.

[89] Cocco, J. , "*Portfolio Choice in the Presence of Housing*", *Review of Financial Studies*, 2004, Vol. 18, No. 2, pp. 535 – 567.

[90] Cocco, J. F. , F. Gomes and P. Maenhout, "*Consumption and Portfolio choice over the life-cycle*", *Review of Financial Studies*, 2005, Vol. 18, No. 2, pp. 491 – 533.

[91] Coleman, J. S. , "*Social Capital in the Creation of Human Capital*", *American Journal of Sociology*, 1988, Vol. 94, No. 2, pp. 95 – 120.

[92] Coleman J. F. , "*Foundations of Social Theory*", Cambridge: The Belknap Press, 1990.

[93] Constantindes, G. , J. Donaldsona and R. J. Mehra, "*Junior Can't Borrow: A New Perspective on the Equity Premium Puzzle*", *Quarterly Journal of Economics*, 2002, Vol. 117, pp. 264 – 296.

[94] Cuong H. Nguyen, "*Access to Credit and Borrowing Behavior of Rural Households in A Transition Economy*", Working Paper, 2007.

[95] Davis, S. , F. Kubler, and P. Willen, "*Borrowing Costs and the Demand for Equity over the Life Cycle*" The Review of Economics and Statistics, 2006, Vol. 88, No. 2, pp. 348 – 362.

[96] Deaton, A. S. , "*Saving and Income Smoothing in Cote d'Ivoire*",

*Journal of African Economics*, 1992, Vol. 1, pp. 1 – 24.

[97] Dixit, A., "*Trade Expansion and Contract Enforcement*", *Journal of Political Economy*, 2003, Vol. 111, pp. 1293 – 1317.

[98] Diagne, A., M. Zeller and M. Shanna, "*Empirical Measurements of Households' Access to Credit and Credit Constraints in Developing Countries*: *Methodological Issues and Evidence*", Food Consumption and Nutrition Division Discussion Paper 90, International Food Policy Research Institute, 2000.

[99] Durlauf, S. N. and M. Fafchamps, "*Social Capital*", NBER working paper No. 10485, 2004.

[100] Fafchamps, M., "*Ethnicity and Credit in African Manufacturing*", *Journal of Development Economics*, 2000, Vol. 61, No. 1, pp. 205 – 235.

[101] Fafchamps, M., "*Development and Social Capital*", *The Journal of Development Studies*, 2006, Vol. 42, pp. 1180 – 1198.

[102] Fan, E., and R. Zhao. "*Health Status and Portfolio Choice*: *Causality or Heterogeneity?*" *Journal of Banking and Finance*, 2009, Vol. 33, No. 6, pp. 1079 – 1088.

[103] Feder, G., Lau, L. J., Lin, J. Y., and Luo, X., "*The Relationship between Credit and Productivity in Chinese Agriculture*: *A Microeconomic Model of Disequilibrium*", *American Journal of Agricultural Economics*, 1990, Vol. 72, pp. 1151 – 1157.

[104] Flavin, M., and T. Yamashita, "*Owner – Occupied Housing and the Composition of the Household Portfolio*", *American Economic Review*, 2002, Vol. 92, No. 1, pp. 345 – 362.

[105] Flap, H. D., and Graaf N. D., "*Social Capital and Attained Occupational Status*", *Netherlands Journal of Sociology*, 1986, Vol. 8, No. 5, pp. 89 – 102.

[106] Freeman, L., "*A Set of Measures of Centrality Based on Betweenness*", *Sociometry*, 1977, Vol. 40, No. 1, pp. 35 – 41.

[107] Fried, J., and P. Howitt, "*Credit Rationing and Implicit Contract Theory*", *Journal of Money, Credit and Banking*, 1980, Vol. 12, No. 3, pp. 477 – 487.

[108] Friedman, M., "*A theory of the consumption function*", Princeton University Press, 1957.

[109] Fukuyama, F. , "*Trust*", New York: Free Press, 1995.

[110] Fukuyama, F. , "*Social Capital and Civil Society*", IMF Working Paper, WP/00/74, 2000.

[111] Gakidis, H. , "*Stocks for the Old? Earnings Uncertainty and Life - Cycle Portfolio Choice*", Ph. D. Dissertation, MIT, 1998.

[112] Gentry, W. , and R. Hubbard, "*Entrepreneurship and Household Saving*", *Advances in Economic Analysis & Policy*, 2004, Vol. 4, No. 1.

[113] Ghatak, M. , "*Group lending, local information and peer selection*", *Journal of Development Economics*, 1999, Vol. 60, No. 1, pp. 27 - 50.

[114] Ghatak, M. , and Guinnane, T. W. , "*The economics of lending with joint liability: theory and practice*", *Journal of Development Economics*, 1999, Vol. 60, No. 1, pp. 195 - 228.

[115] Giles. J. and K. Yoo, "*Precautionary Behavior, Migrant Networks and household Consumption Decisions: An Empirical Analysis Using Household Panel Data from Rural China*", *The Review of Economics and Statistics*, 2007, Vol. 89, pp. 534 - 551.

[116] Godquin, M. and M. Sharma, "*If only I could borrow more: Production and consumption credit constraints in the Philippines*", http: //mse. univ-paris1. fr/Publicat. htm, 2004.

[117] Gomes, F. , and A. Michaelides, "*Optimal life-cycle asset allocation: Understanding the empirical evidence.*" *Journal of Finance*, 2005, Vol. 60, No. 2, pp. 869 - 904.

[118] Gouldner A. W. , "*The Norm of Reciprocity: A Preliminary Statement*", *American Sociological Review*, 1960, Vol. 25, pp. 161 - 178

[119] Granovetter, M. , "*The Strength of Weak Ties*", *American Journal of Sociology*, 1973, Vol. 78, No. 6, pp. 1360 - 1380.

[120] Granovetter, M. S. , "*Getting a Job: A Study of Contacts and Careers*", Harvard University Press (Cambridge, Mass), 1974.

[121] Granovetter, M. , "*Economic Action and Social Structure: The Problem of Embeddedness*", *The American Journal of Sociology*, 1985, Vol. 91, No. 3, pp. 481 - 510.

[122] Granovetter, M. S. , "*Getting a Job: A Study of Contacts and Careers*", Second Edition. University of Chicago Press, Chicago, IL 60637,

1995.

[123] Granovetter, M. , *"The strength of weak ties: a network theory revisited"*, *Sociological Theory*, 1983, Vol. 1, pp. 201 – 233.

[124] Grootaert, G. , *"Social Capital, Household Welfare and Poverty in Indonesia"*, World Bank, Working Paper No. 6, 1999.

[125] Guiso, L. , T. Jappelli and D. Terlizzese, *"Income Risk, Borrowing Constraints and Portfolio Choice"*, *American Economic Review*, 1996, Vol. 86, No. 1, pp. 158 – 172.

[126] Guiso, L. , and T. Jappelli, "Household Portfolios in Italy" CSEF working paper 43, 2000.

[127] Guiso, Luigi, M. Haliassos, and T. Jappelli, *" Household Portfolios"*, MIT Press (Cambridge, MA), 2002.

[128] Guiso, L. , M. Haliassos and T. Jappelli, *"Household Stockholding in Europe: Where Do We Stand and Where Do We Go?"* , *Economic Policy* , 2003, Vol. 18, pp. 123 – 170.

[129] Guiso, L. , and M. Paiella, *"The Role of Risk Aversion In Predicting Individual Behavior"*, CEPR Discussion Paper 4591, 2004.

[130] Guiso, L. , P. Sapienza, and L. Zingales, *" Trusting the stock market"*, *Journal of Finance*, 2008, Vol. 63, No. 6, pp. 2557 – 2600.

[131] Hall, R. E. , Frederic S. Mishkin, *"The Sensitivity of Consumption to Transitory Income: Estimates from Panel Data on Households"*, *Econometrica*, 1982, Vol. 50, No. 2, pp. 461 – 481.

[132] Haliassos, M. and C. Hassapis, *"Borrowing Constraints, Portfolio Choice, and Precautionary Motives: Theoretical Predictions and Empirical Complications"*, Working Paper, University of Cyprus, 1999.

[133] Haliassos, M. and C. C. Bertaut, *"Why do so Few Hold Stocks? "*, *The Economic Journal*, 1995, Vol. 105, No. 432, pp. 1110 – 1129.

[134] Hayashi Fumio, *"The Effect of Liquidity Constraints on Consumption: A Cross – Sectional Analysis"*, *The Quarterly Journal of Economics*, 1985, Vol. 100, No. 1, pp. 183 – 206.

[135] Heaton, J. , and D. Lucas, *"Market frictions, saving behavior and portfolio choice"* *Macroeconomic Dynamics*, 1997, Vol. 1, No. 1, pp. 76 – 101.

[136] Heaton, J. , and D. Lucas, *"Portfolio choice in the presence of*

background risk", *The Economic Journal*, 2000, Vol. 110, No. 460, pp. 1 – 26.

[137] Hodgman, D. R. , "*Credit Risk and Credit Rationing*", *Quarterly Journal of Economics*, 1960, Vol. 74, No. 2, pp. 258 – 278.

[138] Hong, H. , J. D. Kubik, and J. Stein, "*Social interaction and stock-market participation*", *Journal of Finance*, 2004, Vol. 59, No. 1, pp. 137 – 163.

[139] Hubbard, R. G. , K. L. Judd, R. E. Hall and L. Summers, "*Liquidity Constraints, Fiscal Policy, and Consumption*", *Brookings Papers on Economic Activity*, 1986, Vol. 1986, No. 1, pp. 1 – 59.

[140] Iqbal, F. , "*The demand and Supply of funds among agricultural households in India, in Singh, Squire and Strauss (eds): Agricultural Household Model: Application and Policy*", Baltimore and London: World Bank Publication, John Hopkins University Press, 1986, pp. 183 – 205.

[141] Iwaisako, T. , "*Household portfolios in Japan*", NBER working paper, No. 9647, 2003.

[142] Jacoby, H. G. , and Skoufias, E. , "*Risk, financial markets, and human capital in a developing country*", *The Review of Economic Studies*, 1997, Vol. 64, No. 3, pp. 311 – 335.

[143] Jaffee, D. , and F. Modigliani, "*A theory and test of credit rationing*", *American Economic Review*, 1969, Vol. 59, No. 5, pp. 850 – 872.

[144] Jappelli, T. , 1990, "Who is credit constrained in the U. S. economy?", *The Quarterly Journal of Economics*, Vol. 105, No. 1, pp. 219 – 234.

[145] Jarillo, J. Carlos, "*On Strategic Networks*", *Strategic Management Journal*, 1988, Vol. 9, No. 1, pp. 31 – 41

[146] Jianakoplos, N. A. and A. Bernasek, "*Are Women More Risk Averse*", 1998, Vol. 36, No. 1, pp. 620 – 630.

[147] Johannisson, B. , "*Economies of Overview – Guiding the External Growth of Small Firms*", *International Small Business Journal*, 1990, Vol. 9, No. 1, pp. 32 – 44.

[148] Johannisson, B. , "*The Dynamics of Entrepreneurial Networks*", *Frontiers of Entrepreneurship Research*, 1996, 253 – 267. Wellesley, MA: Bab-

son College.

　　[149] Johanson, J., and Mattsson, L. G., "*Interorganizational Relations in Industrial System: A Network Approach Compared with The Transaction Cost Approach*", *International Studies of Management*, 1986, Vol. 17, No. 1, pp. 34 – 38.

　　[150] Karlan D. and J. Morduch. "Access to finance", in Dani Rodrik and Mark Rosenzweig (Ed.), *Handbook of Development Economics*, Vol. 5.

　　[151] King, M. A. and J. I. Leape, "*Asset Accumulation, Information, and the Life Cycle*", National Bureau of Economic Research (Cambridge, MA) Working Paper No. 2392, 1987.

　　[152] Knight, J. and L. Yueh, "*The Role of Social Capital in the Labor Market in China*", Oxford University, No. 12239, 2002.

　　[153] Kochar, "*An Empirical Investigation of Rationing Constraints in Rural Credit Markets in India*", *Journal of Development Economics*, 1997, Vol. 53, pp. 339 – 371.

　　[154] Kon, Y. and D. J. Storey, "*A Theory of Discouraged Borrowers*", *Small Business Economics*, 2003, Vol. 21, pp. 37 – 49.

　　[155] Krishna, B. K. and Matsusaka, J. G., "*From Families to Formal Contracts: An Approach to Development*", *Journal of Development Economics*, 2009, Vol. 90, pp. 106 – 119.

　　[156] Kullmann, C., and S. siegel, "*Real Estate and its Role in Household Portfolio Choice*" working paper, University of British Columbia, 2005.

　　[157] Lin Nan., "*Social Capital: A Theory of Social Structure and Action*", Cambridge University Press, 2001.

　　[158] Lin Nan, 1999, "Social Networks and Status Attainment", *Annual Review of Sociology*, Vol. 25, No. 2, pp. 467 – 487.

　　[159] Lin Nan, Walter, M. and John, C., "*Social Resources and Strength of Ties: Structural Factors in Occupational Status Attainment*", *American Sociological Review*, 1981, Vol. 46, No. 4, pp. 33 – 36

　　[160] Lin Nan, "*Social Resources and Social Mobility: a Structure Theory of status Attainment In: Breiger*", Social Mobility and Social Structure. New York: Cambridge University Press, 1990, pp. 247 – 271.

　　[161] Lintner. J, "*The Valuation of Risk Assets and the Selection of Risky*

*Investments in Stock Portfolios and Capital Budgets*", *Review of Economics and Statistics*, 1965, Vol. 47, pp. 13 – 37.

[162] Lynch, A. W., and S. Tan, "*Labor income dynamics at business cycle frequencies: Implications for portfolio choice*" NBER working paper, No. 11010, 2004.

[163] Markowitz, H, "*Portfolio Selection.*" *Journal of Finance*, 1952, Vol. 7, No. 1, pp. 77 – 91.

[164] Mankiw, N. G., and S. P. Zeldes, "The consumption of stockholders and nonstockholders", *Journal of Financial Economics*, 1991, Vol. 29, No. 1, pp. 97 – 112.

[165] Mariger, R., "*A Life – Cycle consumption model with liquidity constraints: theory and empirical results*", *Econometrical*, 1987, Vol. 55, No. 3, pp. 533 – 557.

[166] Markowitz, H., "*Portfolio Selection*", *Journal of Finance*, 1952, Vol. 7, pp. 77 – 91.

[167] Merton, R. C., "*Lifetime Portfolio Selection under Uncertainty: The Continuous – Time Case*", *Review of Economics and Statistics*, 1969, Vol. 51, pp. 247 – 257.

[168] Merton, R. C., *Optimum consumption and portfolio rules in a continuous-time model*, *Journal of Economic Theory*, 1971, Vol. 3, No. 4, pp. 373 – 413.

[169] Modigliani, F. and Cao, S. L., "*The Chinese Saving Puzzle and the Life – Cycle Hypothesis*", *Journal of Economic Literature*, 2004, Vol. 42, No. 1, pp. 145 – 170.

[170] Mogues, Tewodaj, "*Shocks, livestock Asset Dynamics and Social Capital in Ethiopia*", *DSGD Discussion Papers*, 2006, No. 38.

[171] Mookerjee, R. and P. Kalipioni, "*Availability of Financial Services and Income Inequality: The Evidence from Many Countries*", *Emerging Market Review*, 2010, Vol. 11, pp. 404 – 408.

[172] Montgomery, J. D., "*Social networks and labor-market outcomes: toward an economic analysis*", *American Economic Review*, 1991, Vol. 81, No. 5, pp. 1407 – 1418.

[173] Morduch, J., "*The microfinance promise*", *Journal of Economic*

Literature, 1999, Vol. 37, No. 4, pp. 1569 – 1614.

[174] Mossin, J. (1968), "*Taxation and Risk Taking: An Expected Utility Approach*," *Economica*, Vol. 35, pp. 74 – 82.

[175] Mushinski, D., "*An Analysis of Offer Functions of Banks and Credit Unions in Guatemala*", *Journal of Development Studies*, 1999, Vol. 36, No. 2, pp. 88 – 112.

[176] Nahapiet, J., and S. Ghoshal, "*Social Capital, Intellectual Capital and the Organizational Advantage*", *Academy of Management Review*, 1998, Vol. 23, No. 2, pp. 242 – 266.

[177] Okten, C., and Osilis, U. O., "*Social Networks and Credit Access in Indonesia*", *World Development*, 2004, Vol. 32, No. 7, pp. 1225 – 1246.

[178] Paul Willen and Felix Kubler, "*Collateralized Borrowing and Life – Cycle Portfolio Choice*", Public policy Discussion Papers, Federal Reserve Bank of Boston, No. 06, 2006.

[179] Paxson, C., "*Borrowing constraints and portfolio choice*", *The Quarterly Journal of Economics*, 1990, Vol. 105, No. 2, pp. 535 – 543.

[180] Petrick, M., "*Empirical Measurement of Credit Rationing in Agriculture: a Methodological Survey*", *Agricultural Economics*, 2005, Vol. 33, No. 2, pp. 191 – 203.

[181] Pitt, M. M., and Khandker, S. R., "*The Impact of Group – Based Credit Programs on Poor Households in Bangladesh: does the Gender of Participants Matter?*", *Journal of Political Economy*, 1998, Vol. 106, No. 5, pp. 958 – 996.

[182] Poterba, J. M. and A. A. Samwick, "*Household Portfolio Allocation Over the Life Cycle*", Working Paper, No. 6185, 1997.

[183] Portes, "*Economic Sociology and the sociology of Immigration: A Conceptual Overview*", The Economic Sociology of Immigration: Essays on Networks, Ethnicity and Entrepreneurship. New York: Russell Sage Foundation, 1995.

[184] Putnam, R., "*Progesterone and corticosteroid regulation of hypothalamic and pituitary opioid content during LH surge induction*", *Molecular and Cellular Neuroscience*, 1992, Vol. 3, No. 3, pp. 191 – 198.

[185] Putnam, R. , R. Leonardi and R. Nanetti, "*Making Democracy Work: Civic Tradition in Modern Italy*", Princeton: Princeton University Press, 1993.

[186] Putnam, R. , "*Bowling Alone: America's Declining Social Capital in America*", *Journal of Democracy*, 1995, Vol. 6, No. 1, pp. 65 – 78.

[187] Rona – Tas, A. , "*The First Shall be Last? Entrepreneurship and Communist Cadres in the Transition from Socialism*", *American Journal of Sociology*, 1994, Vol. 100, pp. 40 – 69.

[188] Rosen H. S. and S. Wu, "*Health Status and Portfolio Choice*", *Journal of Financial Economics*, 2001, Vol. 110, No. 2, pp. 457 – 484.

[189] Samuelson, P. , "*Lifetime portfolio selection by dynamic stochastic programming*", *Review of Economics and Statistics*, 1969, Vol. 51, No. 3, pp. 239 – 246.

[190] Sharpe, W. , "*Capital Asset Prices: A Theory of Market Equilibrium under Conditions of Risk*", *The Journal of Finance*, 1964, Vol. 19, No. 3, pp. 425 – 442.

[191] Shum, P. and M. Faig, "*What Explains Household Stock Holdings?*", *Journal of Banking and Finance*, 2006, Vol. 30, No. 9, pp. 2579 – 2597.

[192] Sial, M. H. and M. R. Carter, "*Financial Market Efficiency in an Agrarian Economy: Microeconometric Analysis of the Pakistani Punjab*", *The Journal of Development Studies*, 1996, Vol. 32, No. 5, pp. 771 – 798.

[193] Stiglitz, J. E. , and A. Weiss, "*Credit rationing in market with imperfect information*", *American Economic Review*, 1981, Vol. 71, No. 3, pp. 393 – 410.

[194] Stiglitz, J, "*Formal and Informal Institution*", World Bank, No. 20433, 2000.

[195] Storesletten, K. , C. Telmer and A. Yaron, "*Persistent Idiosyncratic Shocks and Incomplete Markets*", mimeo, Carnegie Mellon University, 1998.

[196] Thorelli, H. B. , "*Network: Between markets and hierarchies*", *Strategic Management Journal*, 1986, Vol. 7, No. 1, pp. 37 – 51.

[197] Tobin, J. , "*Liquidity Preference as Behavior Towards Risk*", *Review of Economic Studies*, 1958, Vol. 25, No. 2, pp. 65 – 86.

[198] Udry, C. , "*Risk and Insurance in a Rural Credit Market: An Empirical Investigation in Northern Nigeria*", *Review of Economic Studies*, 1994, Vol. 61, No. 3, pp. 495 – 526.

[199] Uzzi, B. , "*The Sources and Consequences of Embeddedness for the Economic Performance of Organizations: The Network Effect*", *American Sociological Review.* 1996, Vol. 61, No. 4, pp. 674 – 698.

[200] Vissing – Jorgensen, A. , "*Limited Asset Market Participation and the Elasticity of Intertemporal Substitution*", *Journal of Political Economy*, 2002, Vol. 110, No. 3, pp. 825 – 853.

[201] Vissing – Jorgensen, A. , "*Perspectives on behavioral finance: Does 'irrationality' disappear with wealth? Evidence from expectations and actions, in Mark Gertler and Kenneth Rogoff*", MIT Press, 2004, Vol. 18, No. 7, pp. 139 – 208.

[202] Wellman, Barry and S. D. Berkowitz, （ed. ) 1988 , "Social Structures : A Network Approach", Cambridge University Press.

[203] Williamson, E. O. , "*Transaction-cost economics: The governance of contractual relations*", *Journal of Law and Economies*, 1979, Vol. 22, No. 10, pp. 233 – 262.

[204] Yang M. , Gifts, "*Favors, and Banquets*", The Art of Social Relationships in China, Ithaca, NY: Cornell University Press, 1994.

[205] Yao, R. and H. H. Zhang, "*Optimal consumption and portfolio choices with risky housing and borrowing constraints*", *Review of Financial Studies*, 2005, Vol. 18, No. 4, pp. 197 – 239.

# 后　　记

在博士研究生就读期间，我接触到了资产定价、公司金融等传统金融之外的一个新的独立研究方向——家庭金融，并在导师尹志超教授的指导和帮助下进入了该领域的研究。西南财经大学非常重视对家庭金融数据的搜集，由甘犁教授带头成立了家庭金融调查研究中心，于 2011 年在全国范围内选取 8400 个左右的样本展开调查，我有幸参与了中国家庭金融数据 2013 年组织的第二轮调查，对数据的调查方法和样本选取有了深入的认识，这对本书的研究有非常重要的作用。

我的研究出发点是从家庭风险资产选择开始的，这也是家庭金融研究的核心内容之一，目前这方面的研究在我国由于缺乏微观数据的原因尚处于初级阶段，国内外学者主要从交易摩擦、劳动收入、住房资产、人口统计特征等方面研究了家庭风险资产参与的有限性，通过大量的文献研究和尝试性的实证研究，我选择将社会网络作为桥梁，确定将博士论文的选题定为社会网络、信贷约束与家庭资产选择，我深知这是个难以研究的课题，因为一方面影响家庭风险资产选择的因素复杂多变；另一方面，在关注变量的选取和内生性问题的解决方面是研究的又一个难点。这些导致在当时论文的写作的过程中，有时会陷入纠结难缠之中。尽管如此，我还是坚持围绕这个课题进行了研究，并最终完成了我的博士论文。在完成论文的过程中，我得到了我的导师、朋友和亲人们的无数关心、帮助和支持，是你们让我有了无限的动力，在此，我要对你们表示深深的感谢！

首先，衷心感谢我的导师尹志超教授，博士论文是在您的悉心指导下完成的，感谢您对我的谆谆教诲和悉心指导，尤其从论文构思、选题、方法论证和设计，到论文的撰写与修改，每一个环节中无不凝聚着您的汗水和期望，您开阔的国际化视野，严谨的治学作风深刻影响着我博士期间的学习和生活。感谢导师，每每于事务缠身之中反复推敲、精心修改我的一篇篇论文与稿件，每一处细小的错误，都被仔细标出，我所取得的每一个进步，无不倾注着您的智慧，感谢您将我一步步引入金融学最深入的研究领域。

　　感谢张桥云教授、张合金教授、毛洪涛教授、甘犁教授、杨海涛副教授、蔡晓陈副教授、邢祖礼副教授、刘书祥副教授的指导和帮助，是你们传授的新知识、新理念、新思维与新方法，激发了我对经济学领域相关命题与现实问题的强烈的研究兴趣。同窗的情谊亦是珍贵而难以忘怀的，感谢在读博士路晓蒙、张克雯、王爱银、刘斤锵、武帅峰、田坤明、鹿新华、魏昭、邓博夫、罗大为、姚晓波、李新等。在此，谨向他们以及所有关心、帮助过我的老师和同学们表示我最诚挚的谢意！

　　最后，我要感谢的我的爸爸妈妈，感谢你们多年来给予的支持、包容和理解。小树的成长离不开大地的承载，鸟儿的飞翔是因为天空的宽广，孩儿的成就离不开老爸老妈的培养，养育之恩，无以回报，祝愿爸爸妈妈永远健康、幸福、平安！

　　最后，将心底最诚挚的祝福送给所有关怀、鼓励、支持、帮助过我的师长和亲友！谢谢！

　　对于本书，我仍然有诸多不满意之处，我想这种不满意将在以后对家庭金融和微观计量方法的研究中不断弥补，变得更加完善。